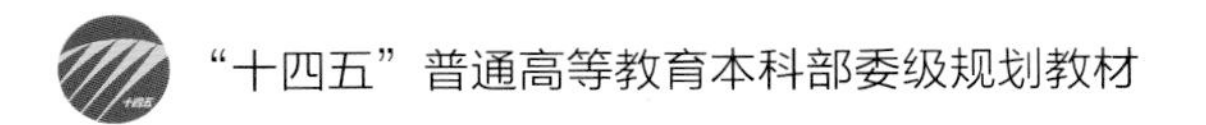

“十四五”普通高等教育本科部委级规划教材

服饰配件设计与制作

徐 懿 ◎ 编著

中国纺织出版社有限公司

内 容 提 要

服饰配件是服装不可分离的有机组成部分，服饰配件设计与服装设计相互依存。书中总述了配饰的种类以及与服装的关系，具体介绍了包袋、帽子、鞋、袜子、手套、腰带、花饰品等服饰配件的设计方法、制作工艺、佩戴艺术等内容，并且从服饰配件风格和设计流程进行详细的说明，目的是让读者能了解服饰配件设计与制作的思路和过程。

本书图文并茂，精选了大量国内外精美服饰品图片，内容丰富，通俗易懂，既可作为服装设计专业师生的教材，也可作为服装设计爱好者和普通读者的参考和自学材料。

图书在版编目（CIP）数据

服饰配件设计与制作 / 徐懿编著. --北京：中国纺织出版社有限公司，2022.8 （2025.5重印）
"十四五"普通高等教育本科部委级规划教材
ISBN 978-7-5180-9688-6

Ⅰ.①服… Ⅱ.①徐… Ⅲ.①服饰—配件—设计—高等学校—教材②服饰—配件—制作—高等学校—教材
Ⅳ.①TS941.3

中国版本图书馆CIP数据核字（2022）第124281号

Fushi Peijian Sheji Yu Zhizuo

责任编辑：李春奕　　责任校对：楼旭红　　责任印制：王艳丽

中国纺织出版社有限公司出版发行
地址：北京市朝阳区百子湾东里A407号楼　邮政编码：100124
销售电话：010—67004422　传真：010—87155801
http://www.c-textilep.com
中国纺织出版社天猫旗舰店
官方微博http://weibo.com/2119887771
北京通天印刷有限责任公司印刷　各地新华书店经销
2022年8月第1版　2025 年 5 月第4次印刷
开本：889 × 1194　1/16　印张：9.5
字数：150千字　定价：78.00元

前言

PREFACE

从历史上看，人们对服饰品的关注程度不亚于服装本身。服饰品的发展历史伴随着整个服装发展的历史。与服装本身相比，在人类文明的初始阶段，人们甚至更关注服饰品。生活在距今20万年前的人类始祖——智人，已经开始用小石头、野兽的牙齿制作装饰品，并且还用赤铁矿对这些饰品进行着色美化。在距今10万年前的东非坦桑尼亚的原始岩画上，出现了极具特色的头部装饰品。在我国商周时期形成的冠服制度中，服饰品也成为区分等级高低的标志，如冕冠、玉佩、鞋履，都因礼仪级别的高低和社会地位的不同，而有不同的形制与色彩的规定。在当今社会中，服饰品同样是人们彰显身份地位、表达审美品位的重要媒介，例如，出席什么场合要穿什么风格的衣服，搭配什么风格的鞋、袜、领带，处于什么环境应该选择什么风格的服饰，搭配什么造型的首饰，才能彰显独特的魅力。

随着人类物质文明的不断发展进步，与实用功能相比，人们越来越看重服饰品的审美功能，比如鞋子，在具备保护脚的基本功能之外，人们还重视鞋子的审美属性，鞋子本身漂不漂亮，有没有时代感、设计感，适合与什么风格的服装搭配，这些都是人们关心的内容；再以帽子为例，帽子的基本实用功能是保护头部，而现在，纯装饰性的帽子受到时尚人士的追捧，其审美功能大大超过了实用功能。服饰品因材料运用多种多样、造型风格灵活多变，往往比服装本身更具有潮流性，服饰品作为服装的点缀可成为彰显个人时尚品位的点睛之笔。与服装相比较，服饰品虽然体积较小，但是服饰品的设计同样涉及社会学、生理学、民俗学、心理学、美学等方面。服饰品不仅能装点服装，而且它与人的精神世界也密切相关，服饰品与服装共同构成彰显着装者的精神世界、审美趣味、个性品格的物质承载。

著者

2022年5月21日

目录

CONTENTS

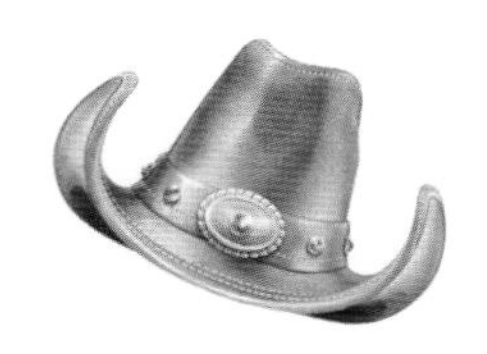

第一章　总述

配饰也称服饰配件、装饰物、服饰品、配饰物，是指除服装以外的所有附加在人体上的装饰品。服装和配饰共同构成了服饰，服装和配饰相互依赖、相互影响，其造型、材质、图案、色彩以及搭配关系，审美倾向均受到社会环境和社会思潮的影响，是包括地域、民族、经济、政治、宗教、文化等诸多因素变迁演进的反映。

服装与配饰的出现离不开使用目的，即：实用性、装饰性与象征性，有些配饰起源于实用，如护身、御寒、防晒、防虫等最基本的功能，但之后也被赋予了装饰性。有些配饰起源于象征，如原始人用动物、植物作为其氏族血统的标志，并把它当作祖先来崇拜，这种标志后来演变为图案，被称为图腾，这些图腾图案常出现在配饰中，具有象征意义。再就是原始人类对勇武者的尊重，用狩猎或者战利品的一部分，取下来制成装饰品，以表彰勇者的功绩。在原始时期和封建社会时期，地位较高的阶层佩戴饰物都有一定的样式和形制，通过服装、配饰和装饰方法来体现尊卑等级。现代社会佩戴饰品的等级制度几乎不存在了，但是也成为人们彰显身份地位的一种手段。总的来说，配饰的使用是实用性、装饰性与象征性的结合。

第一节　配饰的种类

配饰的种类很多，包括：帽子、首饰、领饰、围巾、披肩、包袋、鞋、袜、手套、腰带、腰饰、花饰、伞、扇子、眼镜等。另外，如打火机、手表这些现代生活的随身物品也被归类于配饰的范畴，配饰的种类多，内容庞杂，并且其内容会随着社会生活方式的改变而相应增减变化，图1-1、图1-2是各种常见配饰。

帽子：戴在头上用于遮阳、保暖、挡风等具有实用功能的覆盖物，或者具有装饰、标示等级等象征意义并具有一般概念上帽子形状的覆盖物。

首饰：用于头部、颈部、胸前、背后、手部、手臂等部位，具有装饰或象征意义的配饰。首饰包括：耳环、项链、项圈、头饰、面饰、眉饰、舌环、鼻饰、胸针、腕饰、臂饰等。

领饰：用于领口或者紧挨领口部位的服装配饰物，例如：领结、领花、领扣、领带夹等。

围巾、披肩：用于颈肩部位，以纺织材料为主，以实用、装饰、象征作用为目的的物品。通常有各种围绕的方法，形成不同的效果。

腰带、腰饰：用于腰部的各种物品，包括吊裤带、吊袜带、腰封等，兼实用性、装饰性与象征意义。

包袋：背在身上、挎在肩上或者提在手上，用于包裹、盛放、保护物品，兼实用性、装饰性与象征性的物品。随着社会生活越来越丰富，包袋的分类和功能也越来越细化。

图1-1　包、鞋、腰带

鞋、袜、手套：用于脚部和手部的保护和装饰物。鞋、袜、手套在满足了人们的实用性需求之后，越来越注重其装饰性和象征意义。

脚饰：用在脚部的装饰或装饰物，其装饰及象征意义占主要作用，如脚环、趾环等。

花饰：用纺织材料或者用其他材料制作的，用在服装或配饰上起装饰作用的立体花饰。

其他物品：现代社会，由于大多数服饰品牌也生产与该品牌风格一致的眼镜、扇子、伞、打火机等，所以也把这些物品归属为配饰。

图1-2 包、鞋、眼镜、首饰、腰带

第二节 配饰与服装

配饰与服装是服饰的两个方面，二者相辅相成，相互辉映，形成着装的整体面貌。配饰造型独特、质地多样，从纺织面料到羽毛、皮革、矿石、金属、木材、陶瓷等材料，与服装搭配组合形成不同材质和不同形态大小的对比美，丰富了服饰的视觉效果。现代社会配饰与服装的搭配呈两种趋势：一种是风格统一，另一种是风格混搭。

通常情况下配饰与服装搭配时讲究风格统一，基本是遵循风格、季节的统一（图1-3）。配饰则因各种造型、色彩、材料形成与服装风格的对比调和，不过统一是这种搭配方式的主导思想。色彩是指配饰与服装之间在色彩上的关系，具体来说，配饰的颜色与服装的颜色以及着装者的肤色、发色、唇色、妆面色彩之间要达到统一。另外，有些配饰的季节性特征很强，与服装的季节统一也是搭配方式的主导思想。

图1-3 配饰与服装风格统一

除了上述搭配风格外，在这个时代，极具个性的另类服饰搭配风格，不讲究服装与配饰的风格一致，标新立异追求混搭的服饰效果也同时并存，即：不同风格、不同地区、不同民族、不同时期的服装与配饰混合搭配，追求奇异的服饰效果，呈现服饰风格的多元化（图1-4）。

下面谈谈常规的服装与配饰风格统一的搭配方式要点，混搭的服饰风格搭配方式不做介绍，因为这种搭配方式没有一定的规则可遵循。

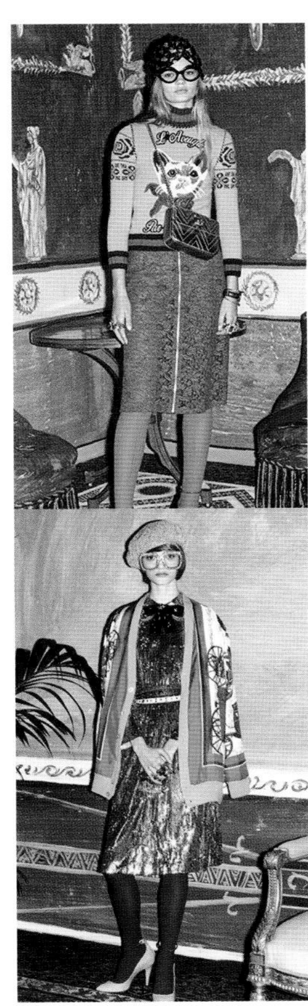

图 1-4 配饰与服装风格混搭

一、配饰造型与服装的关系

从配饰的种类来看，首饰、花饰、腰带等无论从材质、色彩还是造型上，都要与服装的主体风格形成呼应关系。围巾披肩、手套、袜子的造型在与服装整体风格的搭配中也要保持协调统一，其中围巾披肩、手套、袜子在正式的社交场合有约定俗成的规范，即：造型、风格方面与服装协调统一。包袋、鞋子、帽子的造型对服装整体风格的影响较大，所以简要介绍三者在造型方面与服装整体风格的搭配关系。

（一）包袋造型与服装的搭配关系

包袋的季节性不强，但是包袋因使用目的、设计风格的不同会形成造型方面的较大差异，所以包袋的造型与服装风格搭配有不可分割的关系（图1-5）。

（二）鞋子造型与服装的搭配关系

鞋子有根据季节而设计的，也有根据不同的需求设计的，所以鞋子造型与服装的搭配既要考虑季节性，也要考虑目的性（图1-6）。

图 1–5 包袋造型与服装风格搭配

图1-6 鞋子造型与服装风格搭配

（三）帽子造型与服装的搭配关系

帽子与包袋、鞋子不完全一样，帽子的实用价值比包袋、鞋子的实用价值低，除季节性特征明显的帽子造型以外，人们对帽子造型以追求审美价值为主（图1-7）。

图 1-7 帽子造型与服装风格搭配

图1-8　邻近色搭配

二、配饰色彩与服装的关系

包袋、鞋子、帽子的色彩很多，与服装搭配形成不同的风格，常规的搭配方式追求协调统一。以下从三个方面来介绍包袋、鞋子、帽子的色彩与服装呈统一风格的搭配关系。

（一）同类色搭配

同类色搭配是指包袋、鞋子、帽子色彩与服装的整体色彩关系呈现色相差异较小的搭配方式。因为色相差小，搭配容易产生统一协调的感觉，但同时也容易产生单调感。这种配色显得正式、理性和庄重。

（二）邻近色搭配

色彩的协调是指包袋、鞋子、帽子的色彩与服装的色彩在色相上的差异比较小，呈邻近色关系，这种对比关系比较容易形成和谐统一的整体着装色彩。这种配色比同类色搭配稍显活泼，同时也不失正式、理性和庄重（图1-8、图1-9）。

图 1-9 邻近色搭配

（三）对比色搭配

对比色是指在24色色相环上，相邻色夹角在90°～120°之间的色相关系。这种色彩搭配关系容易出现明快的效果，往往显得热烈、活泼，容易给人留下深刻的印象。不过这种强对比的搭配难度也比较大，如果搭配不好容易造成不和谐、杂乱无章的感觉，其把握难度大于以上两种搭配方式，如图1-10中左边一组，服装属暖色系，配饰属对比色系，但是服装面积大，配饰面积小，所以搭配在一起属于对比的和谐色彩关系。图1-10中右上一组，服装属红灰色系，配饰属蓝绿灰色系，右下一组属于马卡龙协调色彩关系。

图1-10　配饰服装的对比色搭配

第二章　包袋的设计

最初包袋因为实用需求而产生，即解决人们收集、携带、保存物品的需要。随着社会的发展，包袋被赋予了更多的审美意义，包袋在实用的基础上风格变得更加多样化。包袋的演变不仅与科技和经济有关，也与不同时代的审美联系密切。人们对服饰整体搭配效果的重视促使包袋设计成为服饰品设计师关注的焦点，成为配饰设计中不可忽视的重要内容。

第一节　我国古代包袋造型

在我国古代，一般因佩戴方式或盛放物品不同，而对包袋有不同的称谓：包、背袋、佩囊、锦囊、包裹、兜、褡裢、荷包、鱼袋、招文袋、算袋、绶囊等，表2-1所示的包袋是我国古代比较典型的几种。

表2-1　我国古代包袋造型及用途

式样	名称	年代	用途	特点
	褡裢	东汉	盛放钱	皮革或布制作
	虎头囊（荷囊）	汉代、魏晋	盛放印信，外出时佩戴在腰间	表面刺绣虎头图案
	鱼袋	汉代、唐代	联络凭证——半个鱼符	布帛制作
	书袋	辽金	盛放官员任职文卷	用皮革做成，长约22cm，宽6cm，厚度3cm
	茄袋（顺袋）	宋代、明代	盛放财物和书信	使用皮革和布帛做成
	鸡心荷包	清代	盛放物品	大多以丝织物做成鸡心形状，上大下小，表面装饰精美的刺绣图案
	荷包	清代	盛放物品	大多以丝织物做成，表面装饰精美的刺绣图案

第二节 包袋的分类及设计要点

随着社会的发展，包袋的使用目的分得越来越细，大到旅行箱包，小到钥匙包、手机包，各种类型的包袋琳琅满目。包袋的设计也是按照包袋用途进行分类，设计包括造型、色彩、材料、细节、装饰，我们按以上分类来看常用包袋的造型设计要点和材料的选择运用。

一、包袋的分类及设计

（一）女士包

女士包通常指女性上班、出门、访客时使用的包，是一种较正式的包袋类型。女士包是走在时尚前沿的一种包，最快捷地表现出时代的审美特点。女士包设计要点是：包体大小适中，造型多样化，包扣、包带、装饰牌非常讲究，一般在装饰牌或包扣上铸有品牌标志。除造型外，包口、包带装饰的形式也十分多样（图2-1）。

图 2-1 女士包

（二）手包

手包也叫宴会包，是为女性出席正式社交场合而设计的包，其装饰性大于实用性，包体较小，便于手拿，所以也叫手包。

手包的设计要点是：体积较小、较薄，针对礼服款式的特点设计造型、色彩，突出华丽、富贵、时尚的感觉。通常使用亮片、珠绣、镶嵌宝石、金属饰物、羽毛、刺绣、拼接、浮雕、镂空等装饰手法（图2-2）。

图 2-2 手包

（三）沙滩包

沙滩包的设计特点比较突出，多为手提式或单肩挎式，体积比一般的包袋稍大，其外型、包带、包口、绱包带的形式多变，但都比较简洁，多为扁平型，如图2-3是各种造型的沙滩包。

（四）筒包

由于筒包是外出时携带物品时使用，所以多设计圆筒形、椭圆形包体，包体适中偏大，包口用绳带收紧或设计包盖，单肩或双肩背带。包面形式、包开口、背带、上背带的形式、绳索、拉链等都可以尽情发挥设计想象，设计出各种形式，如图2-4是不同形式的筒包。

图 2-3　沙滩包

图 2-4　筒包

（五）双肩包

双肩包的设计要点为：包体形式、包口形式、背带形式、外贴带形式。造型可以是筒形，也可以是方形（小箱状）；包口形式较为多样，有绳带收拢式、拉链式、磁铁扣式、袋盖式等，图2-5所示是双肩背包的实例。

图 2-5 双肩包

（六）腰包

由于腰包是固定在腰间的一种小型包，通常在外出旅行时使用，盛放一些随身携带的小物件，如卡、证件、手机、钥匙、零钱等。所以腰包的设计要点是：体积较小，隔层较多，外型以长方体型、橄榄型为主，细节处理根据需要，包口形式、包带形式、搭扣形式、拉链形式、商标形式多种多样，图2-6是系在人体腰部的腰包。

图 2-6 腰包

（七）挎包

挎包的特点是一根包带，包带比手提包包带长，以便挎在肩上。挎包造型非常多样，除常规的长方形、正方形、梯形、圆形、椭圆形、无规则几何形外，还可以发挥想象设计更多其他造型，如心形、动物造型、水果造型、蔬菜造型等（图2-7）。

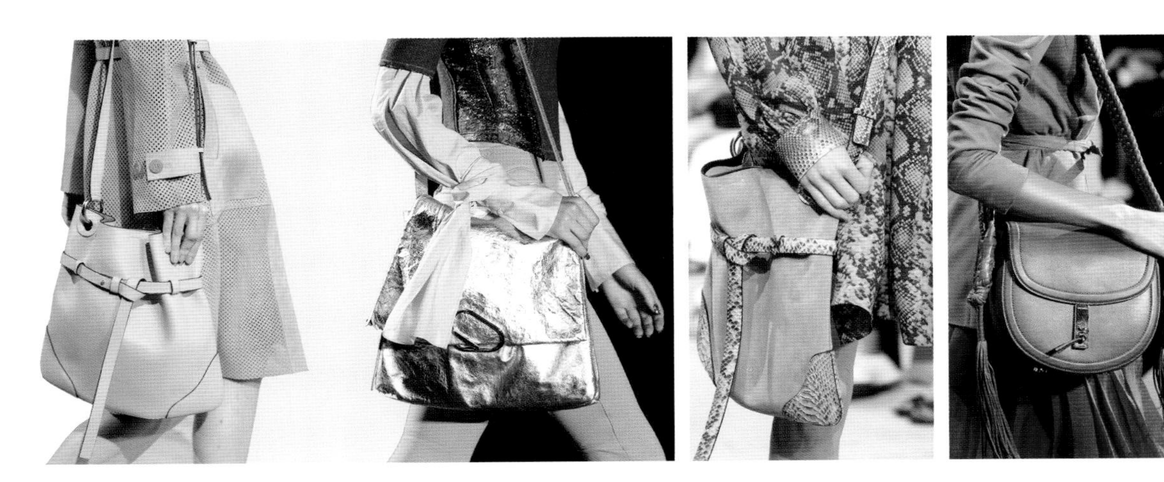

图 2-7 挎包

（八）旅行包

旅行包是为外出旅行时用来装行李而设计的，其包体相对较大，为各种大小的长方体、椭圆体等，携带方式可分为拉杆式、双肩式、单肩式和手提式，包的造型、开口、包带、提手等都是设计的关注点，图2-8所示是几种造型的旅行包。

（九）书包

书包是为学生上学使用设计的一种背包，以双肩包为主要造型，书包表面以图案或学生喜爱的卡通图案为主要特点。

书包的设计重点是：包体大小适中，多为小箱式或者筒形双肩包，为使各类学习用具能够分开放置，书包内层设有小夹层，外层设有立体贴包。烫花图案一般为少年儿童喜欢的各种卡通形象，中学生书包则更趋于简单和理性（图2-9）。

（十）文件包

文件包是为方便携带各种文件而设计的包，其特点是外型呈长方形，内层较多，以便分类存放各种文件。

文件包的设计注重造型简洁大方，以方形和直线分割为主。包面装饰主要有角皮、贴皮、包扣带、缉明线等，搭扣或者品牌标志起到一定的装饰作用。由于存放各类文件的功能性需求，有内层设计。文件包分为手提式、挎肩式和夹带式三种常见类型，图2-10是手提式文件包。

图 2-8 旅行包

图 2-9 书包

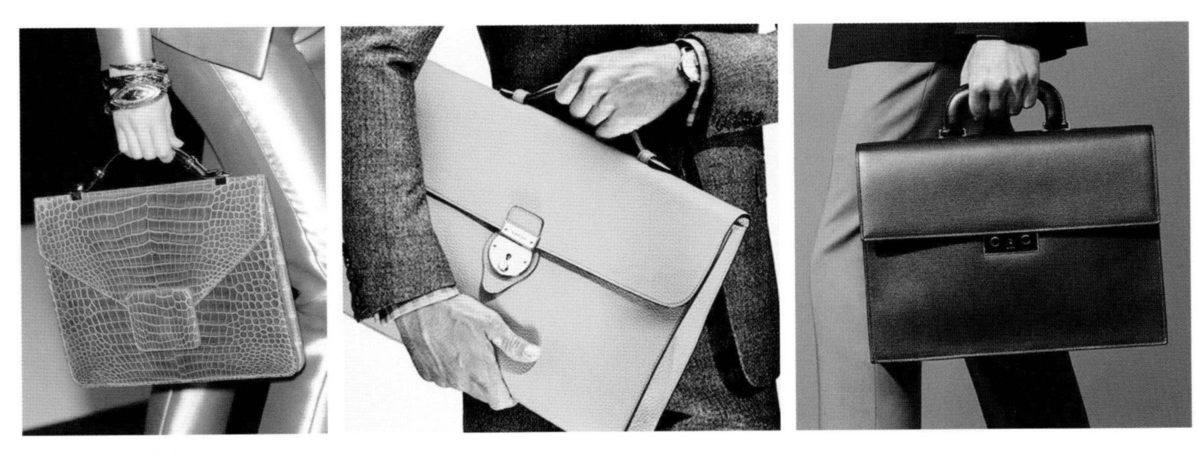

图 2-10 文件包

（十一）钱夹

钱夹是用来盛放钱币的包，其特点是包体较小，以纸币大小为参照尺寸设计而成。

钱夹的设计重点是：造型多为长方形、正方形或者方中带圆形，包内有各种夹层，因为要用来盛放纸币，除造型外，钱夹的开口、品牌标志的位置、手提带的处理、拉链等细节设计也十分重要（图2-11）。

图 2-11 钱夹

（十二）电脑包

电脑包是专为放笔记本电脑设计的，包体仅能放一部笔记本电脑。其设计重点是：造型简洁，根据不同尺寸的笔记本电脑体积设计，包内外有夹层，可以放文件等东西（图2-12）。

图 2-12 电脑包

（十三）相机包

相机包是放照相器材的包，其特点是：包内有可以灵活变动的隔层，以适合相机各种镜头的放置。

相机包的设计根据相机和镜头的尺寸来定，包内里有各种夹棉的保护隔层，可以灵活移动，以适应相机与不同镜头的体积需要，防止器材相互碰撞和磨损。相机包轮廓分明（图2-13）。

（十四）化妆包

化妆包是收纳化妆品的包。其特点是：内层、内格较多，以便摆放各种化妆用品，化妆包有软体和硬体之分。

化妆包的设计要点是：包体不大，为各种尺寸的长方体、圆体、椭圆体等，包里面有少量夹层，并配置小镜子，通常体积较小的化妆包用以存放日常化妆用品，箱式或者多层化妆箱则是更加专业的化妆造型师用来存放化妆工具的专业箱包。化妆包的色彩设计无特殊局限，各种明度和纯度的色彩都可以考虑（图2-14）。

图 2-13 相机包

图 2-14 化妆包

二、包袋的材料选择

包袋的材料选择与包袋的使用特点、使用目的有关，常用的材料有：天然皮革、毛皮、人造毛绒、PU皮、PVC、帆布、牛津布、涤塔夫、尼龙、防水牛津布、涤纶等。其中各类休闲包除使用以上材料之外还常使用各种色布、花布、细帆布、斜纹布、牛仔布或者使用藤、麻、皮革等材质编织。比较特殊的旅行包通常使用牛津尼龙布、尼龙布和涤纶材料制作，特点是结实耐磨。相机包一般用具有防水功能的牛津布、牛津尼龙布、尼龙布、涤纶材料制作，图2-15所示为常用的制作包袋的材料和名称。

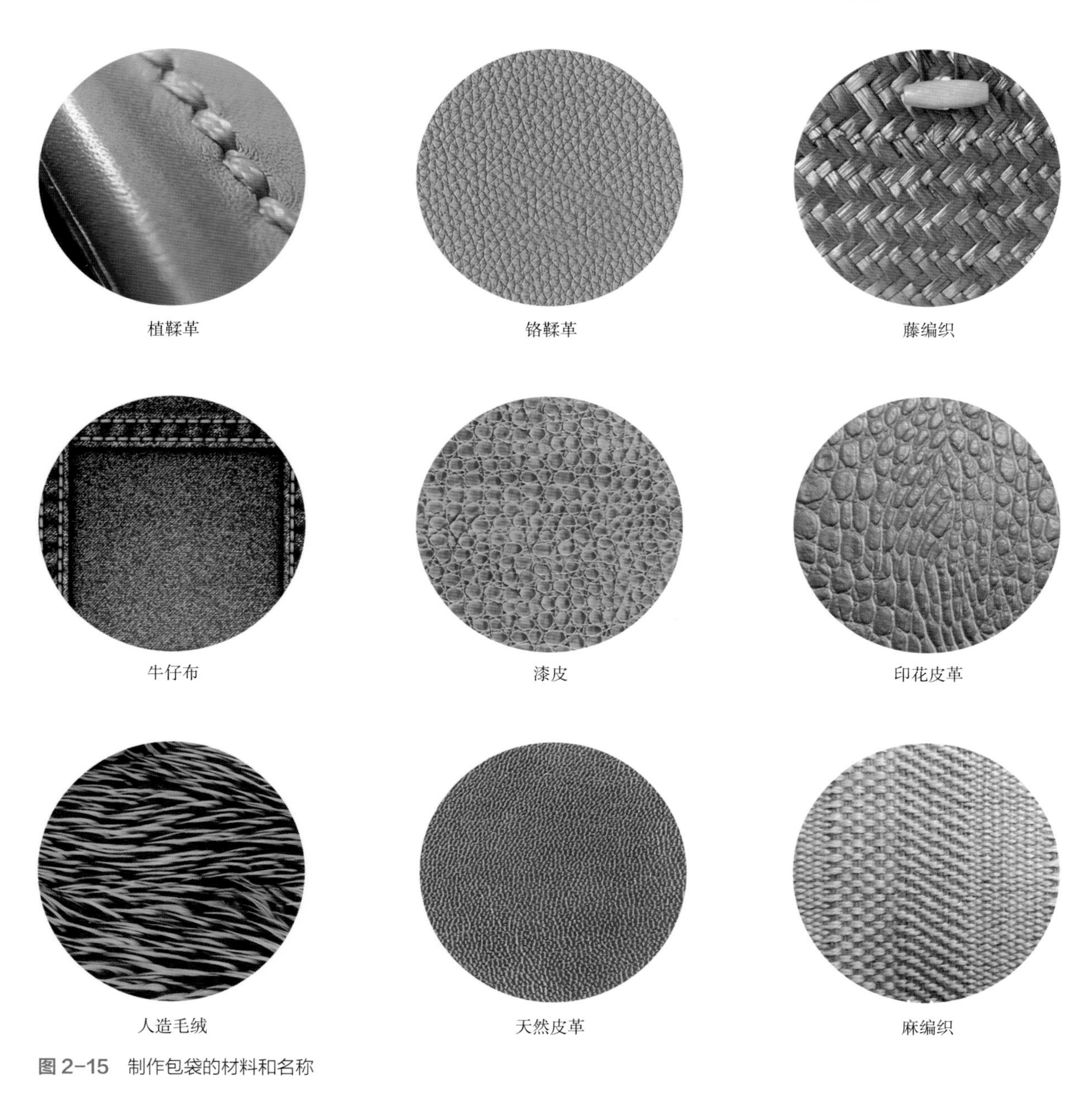

图 2-15 制作包袋的材料和名称

三、包袋的装饰设计

包袋的装饰设计多运用在女包上，女士使用的手包、女士包、化妆包、休闲包等常用的装饰手法有：

块面拼接、毛皮饰边、图案花纹、贴花、面料缉线、面料浮雕、镂空、装饰细小配件、亮片、珠绣、镶嵌宝石、金属饰物、羽毛、刺绣等。图2-16是金属环装饰的女包，图2-17是拼接女包，图2-18是贴绣、亚克力、金属物、树脂珠装饰的包。

图 2-16 金属环装饰的女包

图 2-17 拼接女包

图 2-18 贴绣、亚克力、金属物、树脂珠装饰的包

第三节　包袋的制作

一、包袋制作的常用设备和工具

包袋缝制设备主要有：筒式综合送料缝纫机，简称圆机，用于缝合包身为圆的或曲折部位的机器（图2-19）；削革机，用于打薄皮革边角厚度（图2-20）；高平机，用于缝纫平直线迹。

在包袋的制作过程中，除了使用机械缝制外，还需要图2-21所示的材料与手工工具，下面介绍一些常用的手工缝制包袋的材料及工具。

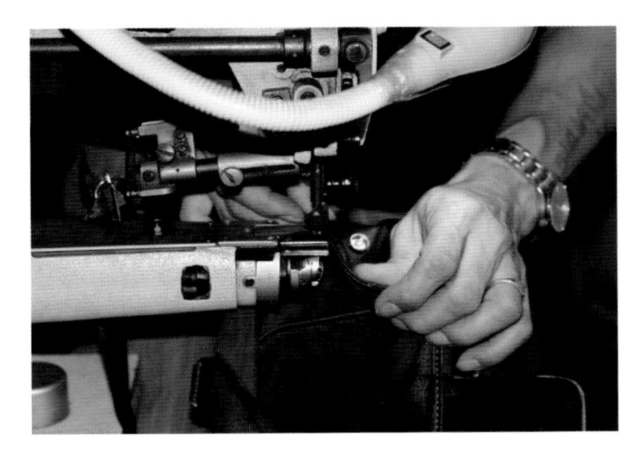

图2-19　圆机

图2-20　削革机

图2-21　做皮件的材料与手工工具

（一）手缝制包袋的材料

封边液：专门用于皮革边缘封边处理的材料。

防染剂：用于植鞣革表面防污处理，效果柔和。

进口牛脚油：皮革表面护理专用油脂，使用后皮革颜色明显变深。

进口貂油：专门用于高级皮革表面处理的油脂。

增艳防染：植鞣革（皮革鞣制技术的一种）表面防污增艳处理。

盐基染料：皮革水溶性染色，兑水使用。

黄胶：皮革专用胶水，气味大，但黏合度牢固。

边油：用于皮革边缘封边处理的专用材料，可水溶稀释，干后有弹性。

油染：皮具在防染处理后表面做旧处理用的油性染料。

（二）手缝制包袋的工具

马克笔：用于做记号或皮革边缘染色使用。

砂纸打磨条：皮革打磨处理使用。

花边剪：剪刀刃口呈波浪状，剪出的边缘有花边装饰。

皮革边缘夹钳：两层或多层皮革边缘加强黏合专用。

手缝扁蜡线：手工皮具缝制专用线，扁平、表面有蜡。

手缝木架：手缝大件皮具时，用于固定作用。

黏合剂：制作过程中还常常用到各种黏合剂、黏合嵌条、透明胶等。

螺丝刀：一种用来拧转螺丝钉以使其就位的工具，头可替换。

双刃边线记号刀：刃没开封，做皮革边缘平行线用，宽度可调。

电磨：用于处理粗糙不平的皮革边缘，打磨后再推边。

手工棱锥：对于皮具单个开洞使用的专用工具。

挖槽器：皮革挖槽处理专用工具，有不同宽度尺寸。

铁笔：绘制皮雕图案时在皮革表面留下压痕印记的笔。

手缝圆头针：缝制手工皮具专用针，圆头。

边油笔：皮革边缘封边时，使用油边封边的辅助工具。

皮革打磨棒：适用于不同厚度的皮革边缘打磨工具。

片皮器：皮革边缘削薄处理工具，刀刃为单边。

开料刀：皮革手工切割使用，刀片可替换。

扁口钳：主要用于弯曲金属薄片及金属细丝成为所需要的形状。

直角钢尺：用于测量和绘制直角使用。

双针圆规：用于测量和做记号使用。

弯口剪刀：剪刀口呈弧形，用于弧线修剪。

旋转刻刀： 手工皮雕专用刻刀，刀头可替换，有陶瓷和金属两种材质刀头。

皮革滚筒压轮： 用于皮革复合时的辅助工具。

切割垫： 皮革切割垫板，不宜切穿，垫板上有尺寸参考。

半圆弧形斩： 用于皮革半圆形开料，有多种型号。

胶板： 皮革开孔时垫在皮革底部起缓冲作用的尼龙板材。

推边器： 皮革边缘修饰使用，有不同形状和型号的工具。

加长夹子： 用于暂时固定使用。

榔头： 安装或固定东西使用。

尼龙榔头： 皮具雕刻专用榔头，圆头，有弹性，施力方便。

菱斩： 皮具手缝打洞工具，一般是1、2、4、6、10齿菱斩。

皮革雕花工具： 皮具雕花专用工具，有多种型号可塑造多种纹样。

开孔冲： 皮革开孔工具，根据直径有不同型号，多为钢材料制成。

四合扣安装模具： 用于各种型号四合扣手工安装。

羊毛刷： 皮革染色专用。

二、包袋的基本制作方法

在进行包袋的制作之前，应了解一下包袋各部位的名称（图2-22），以便打板、制作时各部位不会弄错。

包袋的制作过程包括以下主要步骤：打板、裁剪、削革、绱衬、组装，以下路线图所示就是包袋制作的过程示意图（图2-23）。

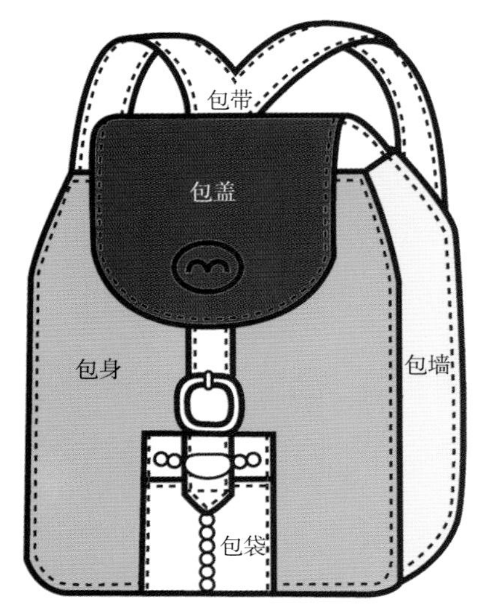

图 2-22 包的各部位名称示例图

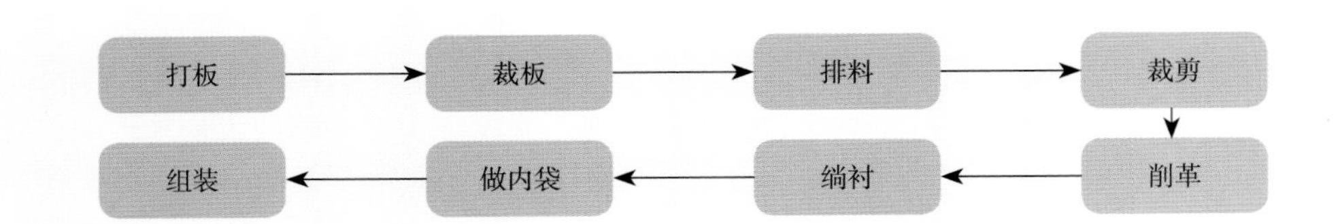

图 2-23 包袋制作的过程示意图

（一）皮革的基本缝法

常用包袋多数以皮革为原料，皮革的基本缝合方法可以用在制作皮革包的各部位，以下为详细说明。

1. 手工缝制皮革基本针法

隔针倒回法： 用于两片皮革的缝合，这种缝法可以用在包体边缘、包盖边缘、包袋边缘、包袋表面再做小包的边缘缝合，或者单纯作为装饰线使用（图2-24）。

交叉缝法： 在皮革边缘需要装饰效果时使用，这种针法的特点是缝线包住皮革的边，装饰性较强（图2-25）。

串缝法：串缝法有两种，它们的区别是：缝之前在皮革上打的洞不一样，一种是打斜扁洞［图2-26（1）］，另一种是打圆洞［图2-26（2）］。串缝法用于包体边缘、包盖边缘、包袋边缘、包袋表面再做小包的边缘缝合，或者单纯作为装饰线使用。串缝法用于箱包缝制的位置，与隔针倒回法相似，但串缝法主要以扁皮线或圆皮绳为缝制材料。

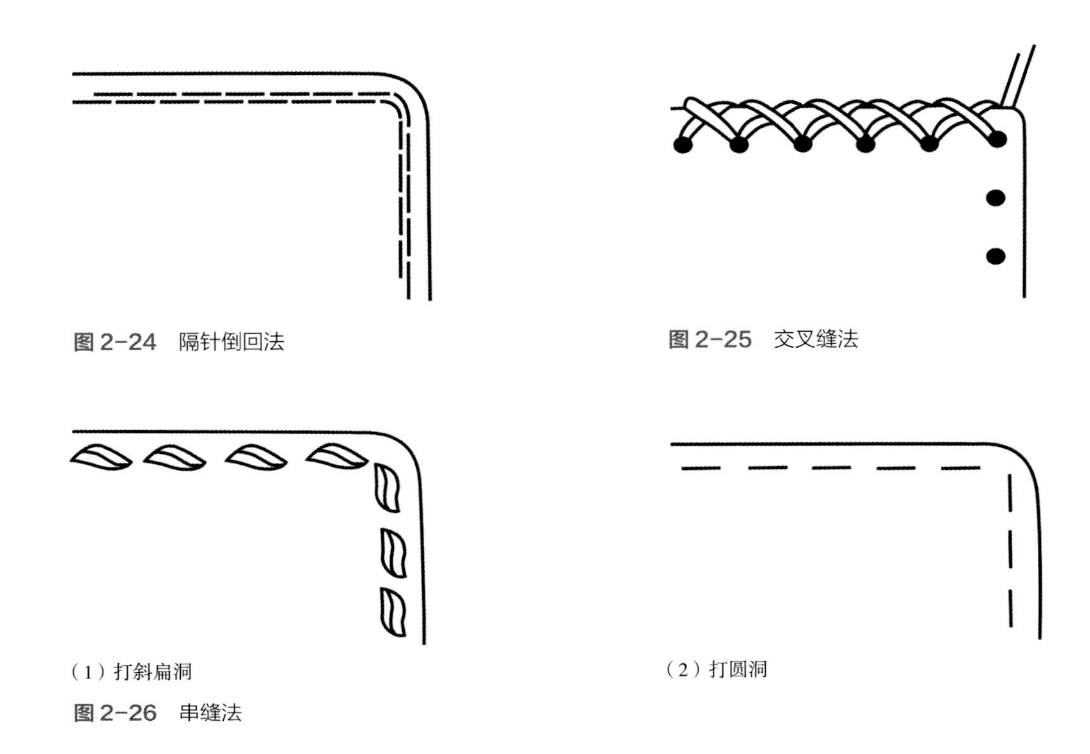

图2-24　隔针倒回法

图2-25　交叉缝法

（1）打斜扁洞

（2）打圆洞

图2-26　串缝法

车针法：用于两片皮革的缝合，用在包体边缘、包盖边缘、包袋边缘、包袋表面，再做小包的边缘缝合，也可作为单纯的装饰线使用（图2-27）。车针法用于箱包缝制的位置，与隔针倒回法、串缝法相似，但车针法主要用于皮革专业缝合设备，缝合时面线和底线可选择不同的颜色。

螺旋缝法：在皮革边缘需要有装饰效果时使用的方法，其装饰性较强，风格比较粗犷（图2-28）。

五倍法：这种缝法是需要包住皮革边缘时使用的方法，缝制步骤比较复杂，其艺术感、装饰性强（图2-29）。

七倍法：与五倍法类似，用于需要包住皮革边缘时使用的缝法，其缝制步骤比五倍法更加复杂（图2-30）。

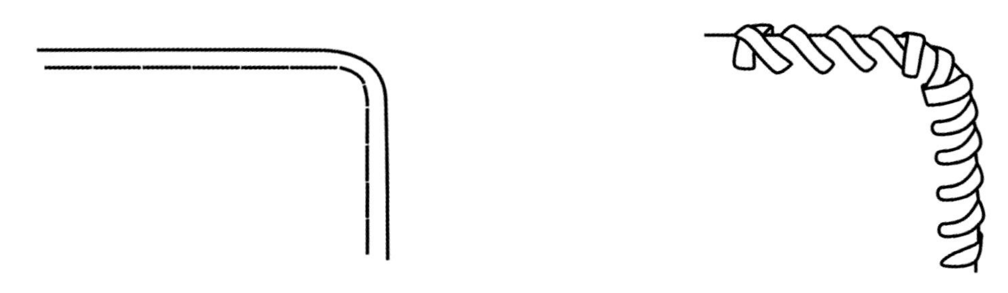

图2-27　车针法

图2-28　螺旋缝法

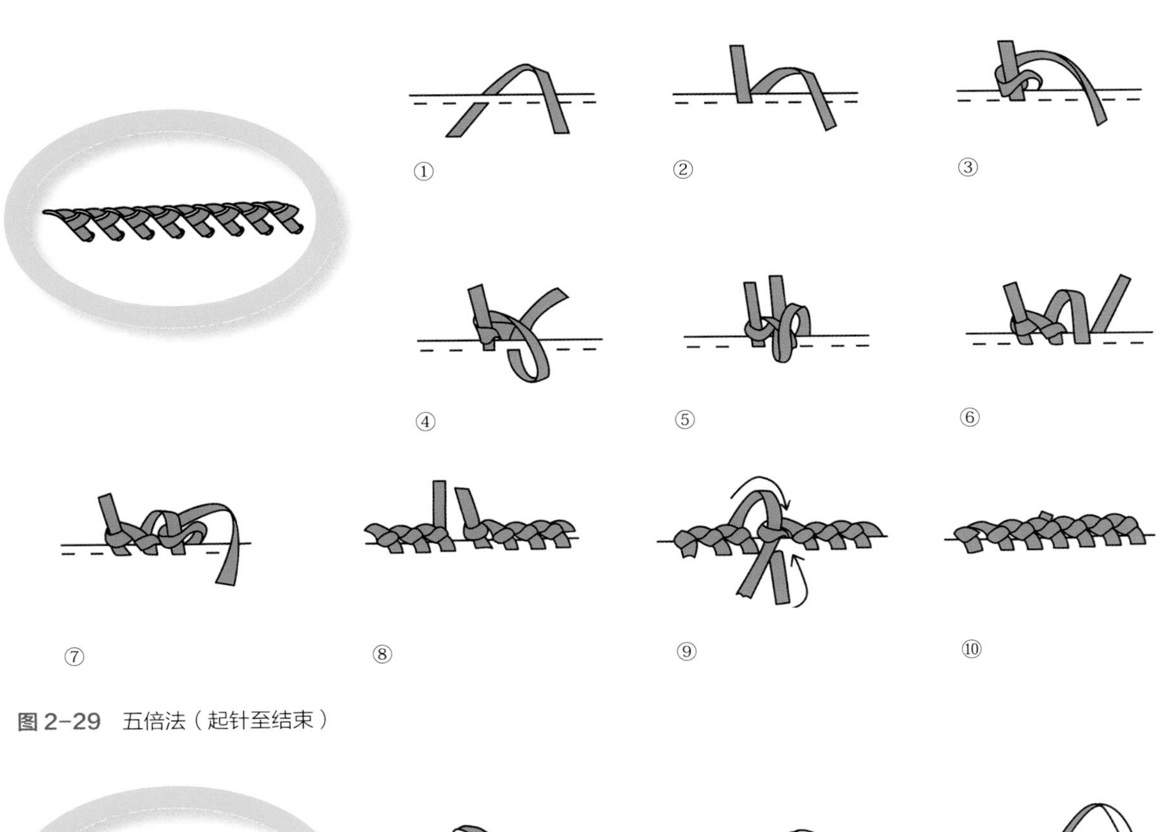

图 2-29 五倍法（起针至结束）

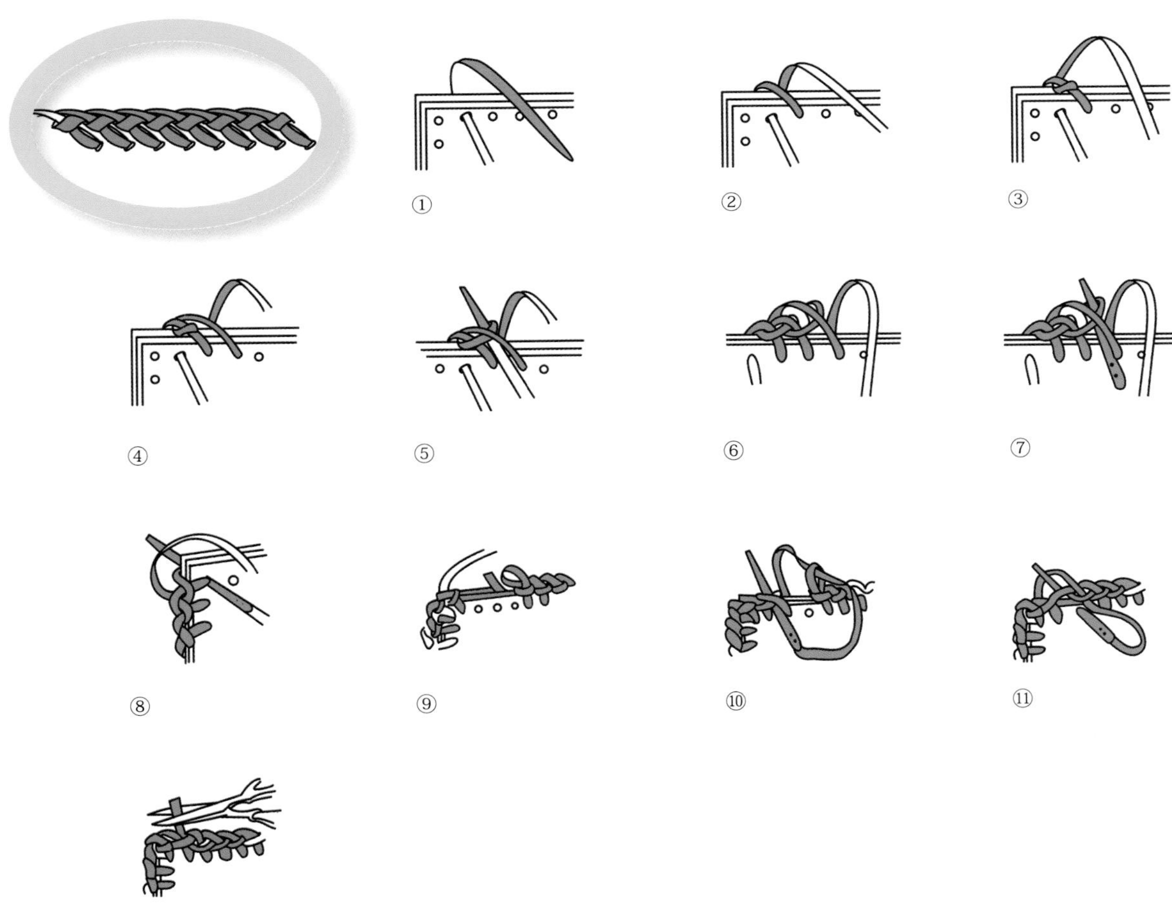

图 2-30 七倍法（起针至结束）

2. 包带的缝合方法

以下是几种常用的包带缝合方法（图2-31）。

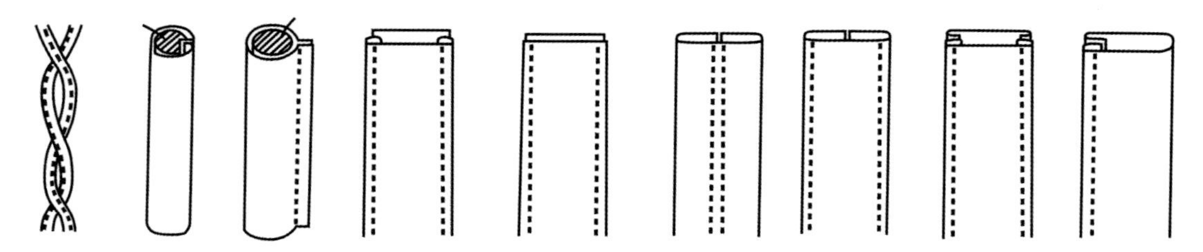

图 2-31 包带的缝合方法

3. 用于皮革边缘缝合的八种方法

皮革边缘缝合是将两块皮革组合的手工针法，包括折边、加牙（加嵌条）、包缝等的皮革缝合方法。不同皮革裁片的缝合可以根据使用部位和装饰效果的要求采用不同的缝合方法。下面介绍几种常见皮革缝合方法：压边缝、单折边缝、折边压缝、明缝、暗缝加牙、明缝加牙、光边包缝、毛边包缝（图2-32）。

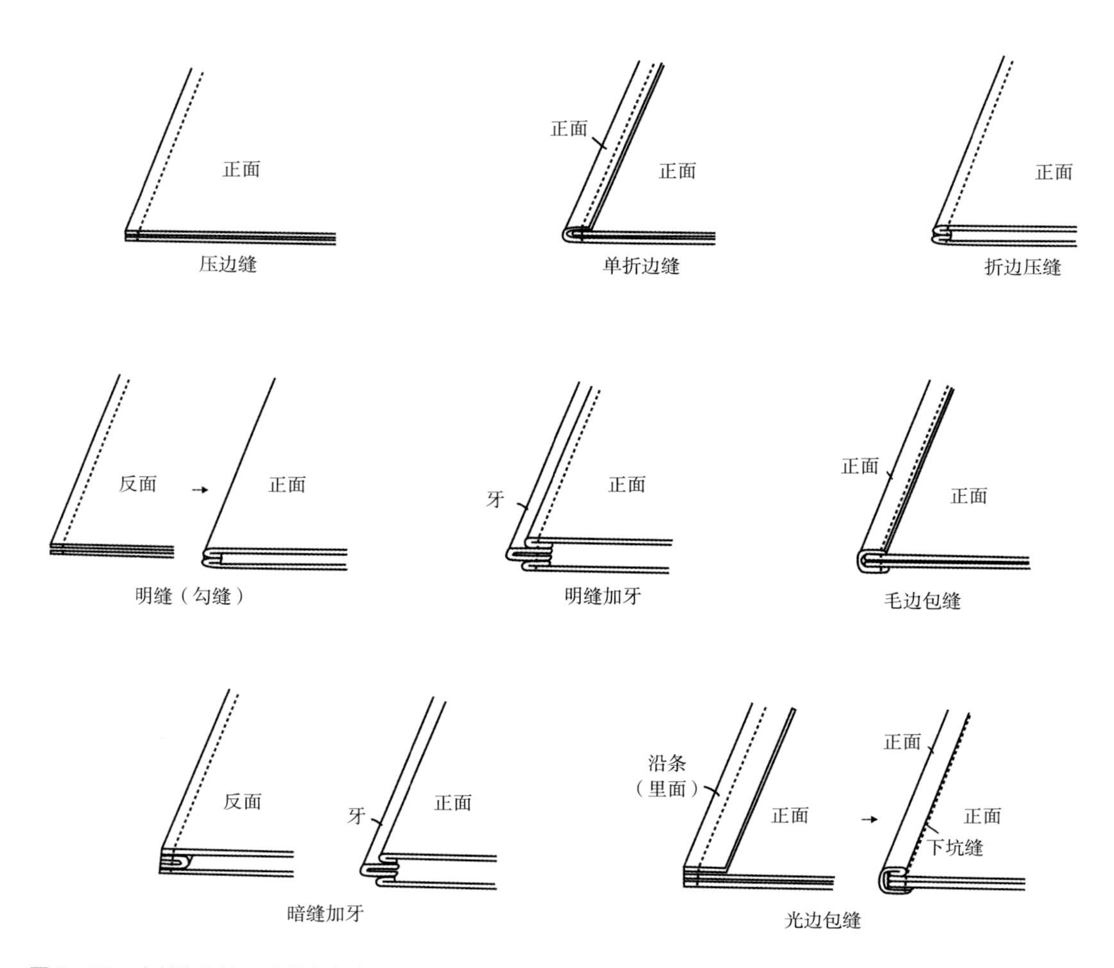

图 2-32 皮革边缘的八种缝合方法

（二）包袋的手工制作过程

在了解了皮革的一些基本缝合方法后，就需要学习包袋的制作过程了。图2–33是手工做包袋的主要过程，根据图2–33的分图序号加以说明。

图2–33 手工做包袋的主要过程

①**打板：**先在纸上画包袋各部位板样，画好净板样后加放缝份。

②**裁板：**用工具刀或者剪刀对纸样板进行裁剪。

③**排料：**将裁好的纸样板摆放在做包袋的面料上进行排列，目的是不浪费面料。

④**裁剪：**排好样板后用水笔将样板画在面料上，然后进行裁剪。皮革一般用工具刀进行切割，纺织面料和皮革裁剪方法不同，纺织面料的包，裁剪时要对图案、对条、对格、对顺光。皮革包裁剪时要选择色彩、光泽、厚度一致的材料，还要注意避开皮革的伤口、斑点、划痕。

⑤**裁料备用：**裁好的料放在一旁备用。

⑥**削革：**裁剪完毕后，应该使用削革机或削革刀将皮革边缘削薄，本步骤可减小缝制后边缘的厚度。

削革是皮革缝制前非常重要的一个步骤，削革主要是针对缝制部位（皮革边缘缝份处）或者需要折叠的部位，将其打薄处理，便于缝合后缝份倒向平顺，图2-34是削革三种形式的剖面图。

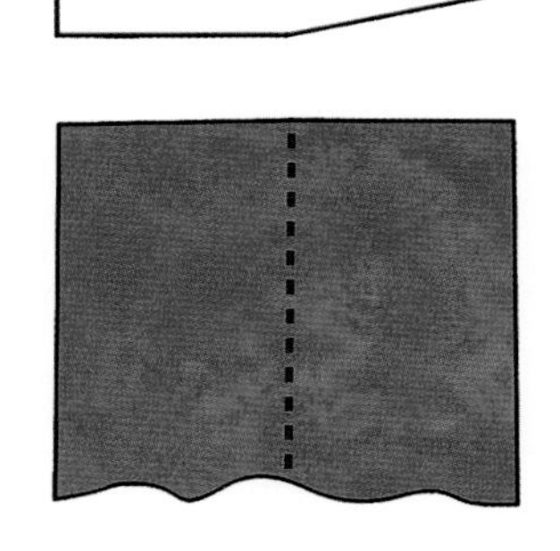

第一种，对皮革边缘斜向削薄，宽度为一个缝份

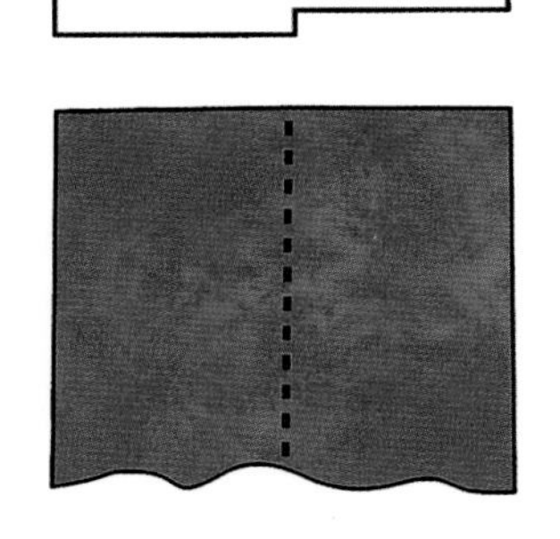

第二种，对皮革边缘水平削薄，宽度为一个缝份，需要手工完成

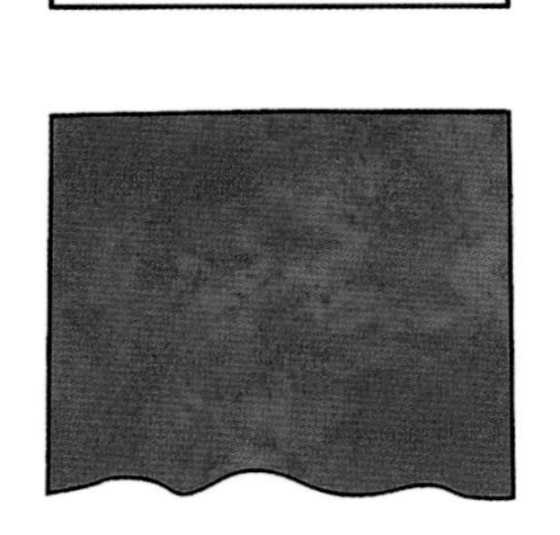

第三种，对皮革边缘水平削薄，宽度为两个缝份

图 2-34 削革三种形式

⑦**绱衬：**包袋的提手、包口、包表面各小口袋的包口、包背带、包底、包盖需要加强牢度的部位都要绱衬。

⑧**绱弹力胶衬：**如果是需要加厚的包袋提手，还要再黏一层弹力胶衬，待干后，用工具刀把边缘削圆顺。这样做出来的包袋提手外形呈扁圆形。

⑨**切边：**绱了两层衬的包袋提手用手工刀把边缘切光，去掉多余的衬。

⑩**上胶：**在绱了两层衬的包袋提手上上胶。

⑪**在另一块材料上胶：**在包袋提手的另一块材料的背面上一层胶。

⑫**待干：**将上好胶的包袋提手放在一旁待干度合适，用手触摸不粘手，就可以使用。

⑬**黏合包袋提手：**将包袋提手的两块材料合并，并用榔头敲打直至黏牢。

⑭**缝合包袋提手：**用高平机将包提手两个边缘缝合。

⑮**上边油：**用一根细木条将边油上在包袋提手的两个边缘，边油与包袋提手材料的颜色要一样，目的是遮挡住皮革边缘的颜色，使边缘的颜色与皮料的颜色一致。

⑯**内袋口绱衬：**如果包袋有内袋的话，内袋口需要绱衬。

⑰**内袋口贴装饰皮：**包袋的内袋口一般需要贴一块装饰皮，既加强袋口牢度又美观。

⑱**缝内袋口和袋口拉链：**先在内袋口处上一条拉链，再在内袋口装饰皮革边缘缝一道线。

⑲**缝内袋：**将内袋缝在包袋的里料上。

⑳**包袋整体组合：**首先要在各缝份上涂抹胶水，然后正面相对用尼龙榔头敲打固定，固定后就可以用圆机进行组装缝合了。这里不再详细说明包袋各部件的组合步骤，在图2-39至图2-41有所讲解。

三、案例：手提小箱式包制作方法

样包以手提小箱式包为案例（图2-35），制作方法为：打板→裁剪→缝制。

（一）打板

手提小箱式包，纸样主要包括以下几个部分：

面料纸样（图2-36）：包体材料一块、包盖材料一块、包盖上带子材料两块、提手一块、包侧两块、口袋两块、口袋盖材料两块、肩带材料两块（一长一短）。

辅料纸样（图2-37）：内袋两块、包底衬一块（与面料纸样一样）、拉链两条、商标、扣环。

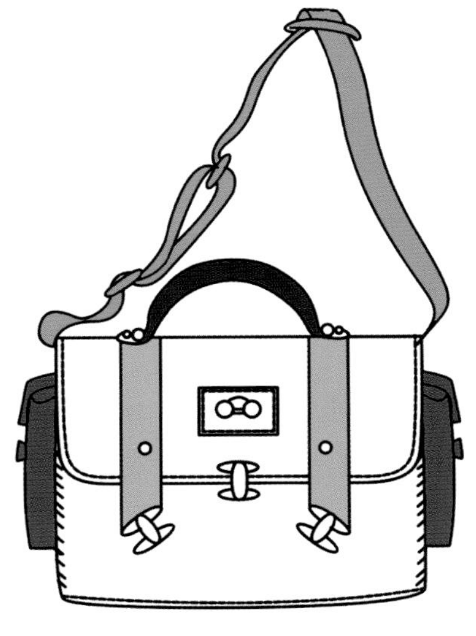

图2-35 手提小箱式包

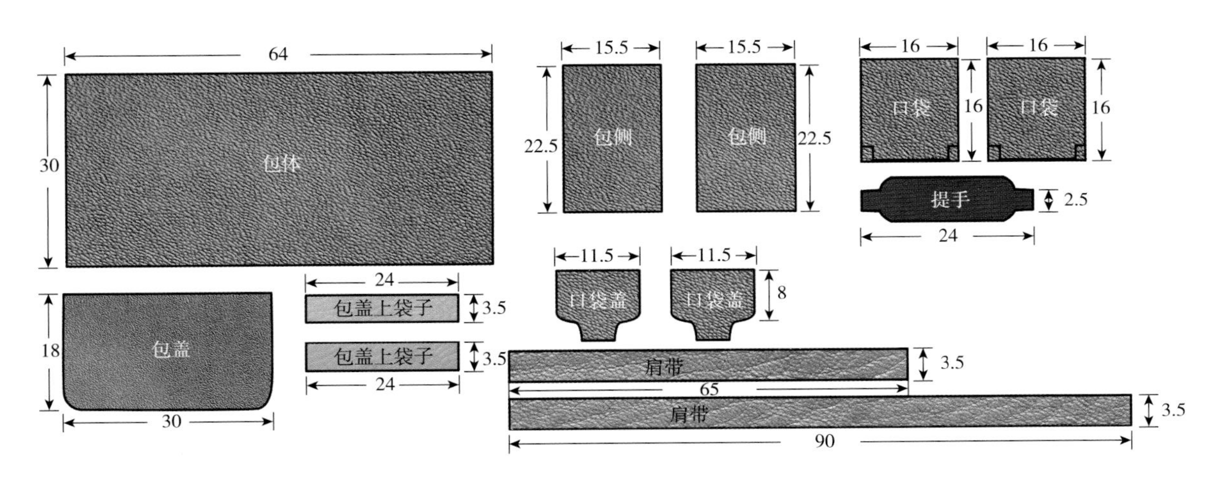

图2-36 面料纸样图

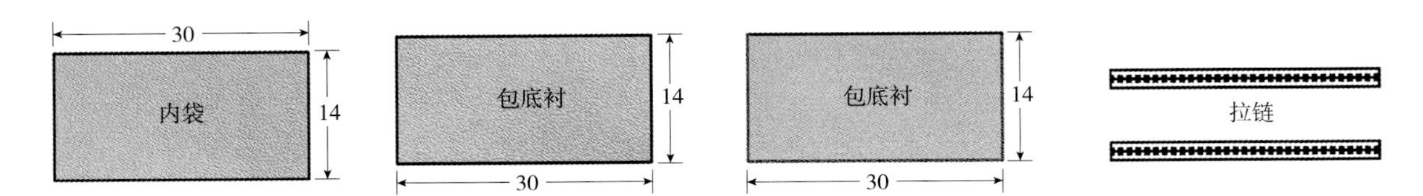

图2-37 辅料纸样图

（二）裁剪

样板准备好之后，按照样板裁剪皮革，手工裁剪皮革需要用到皮革刀，许多箱包厂已使用机器裁剪皮革，裁剪时注意避开皮革的伤口、斑点、划痕，裁剪留1cm缝份（不需要折边缝合的位置可以采用其他材料的包缝处理，则不需要留缝份）。

（三）缝制步骤

将裁剪好的皮革包各部位裁片按以下步骤进行缝合（图2-38）。

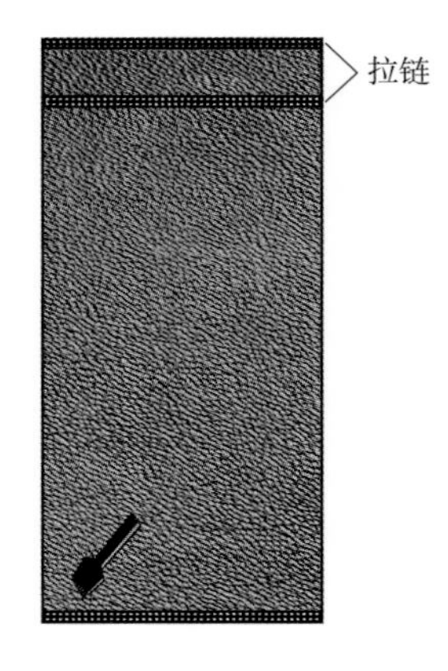

①安装两条拉链，拉链间距4.5cm，用4齿菱斩打孔

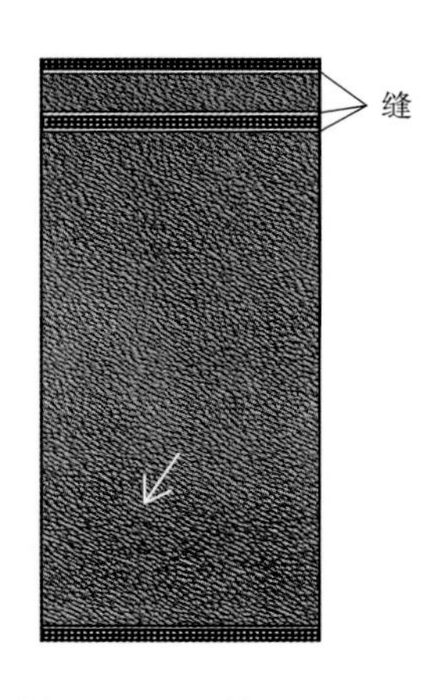

②用线将拉链机缝在包体内

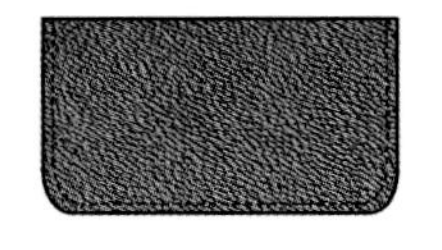

③包盖周围打圆孔后，用皮线串缝作为装饰缝

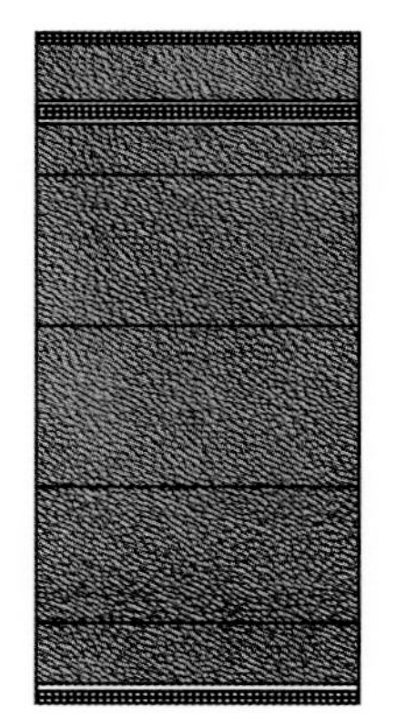

④包体内贴上两块内袋

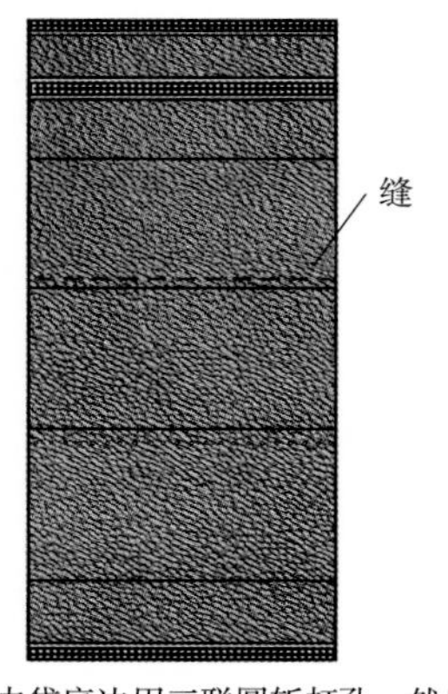

⑤两个内袋底边用三联圆斩打孔，然后用上下缝法缝合

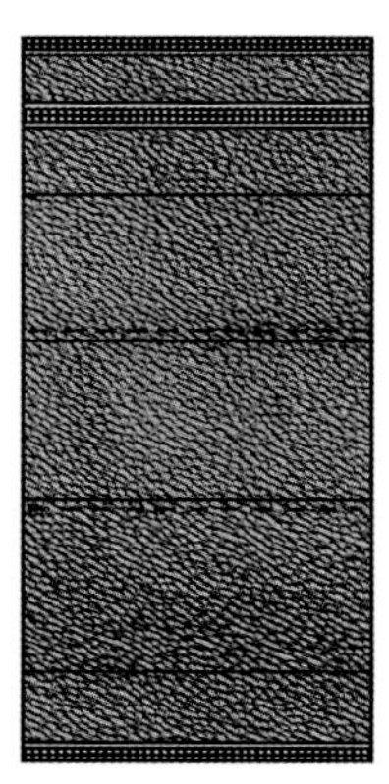

⑥包底衬黏在包底上

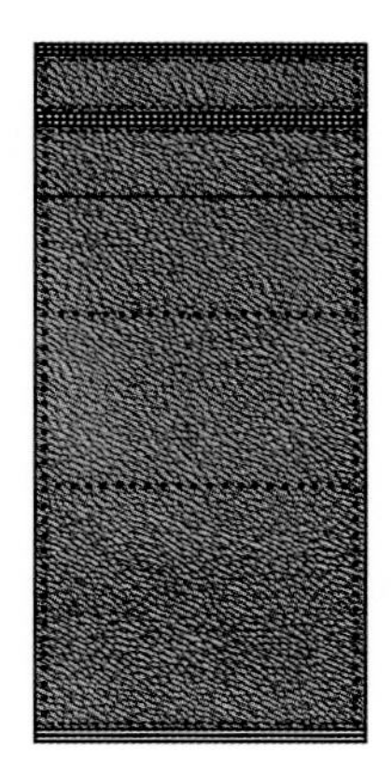

⑦包体正面周围边缘用三联圆斩打孔

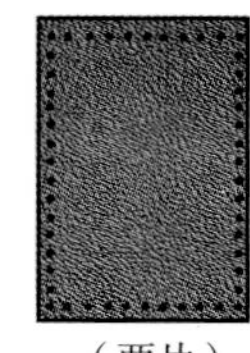

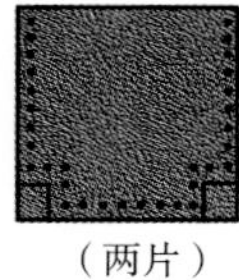

⑧包侧、口袋用三联圆斩打孔

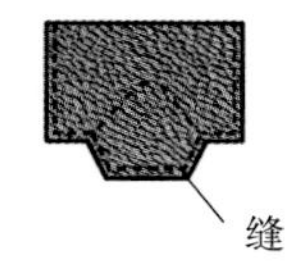

⑨口袋盖打圆孔，用皮线串缝作为装饰

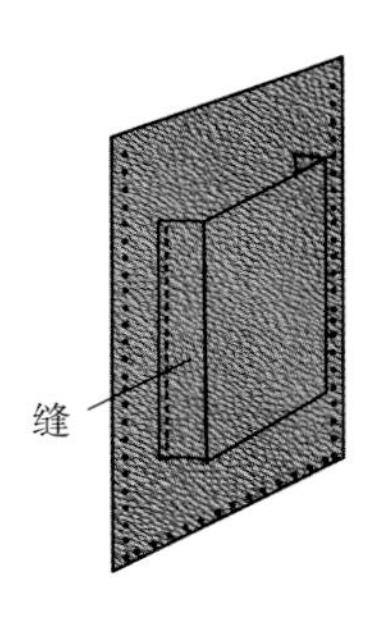

⑩用串缝法将口袋缝在包侧上面

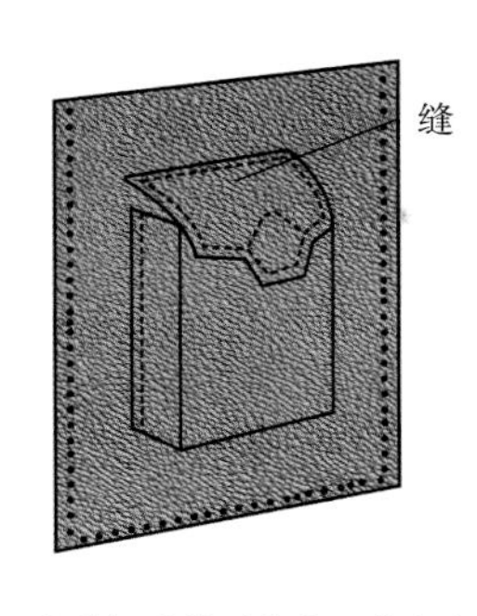

⑪口袋盖打孔然后缝在口袋上方

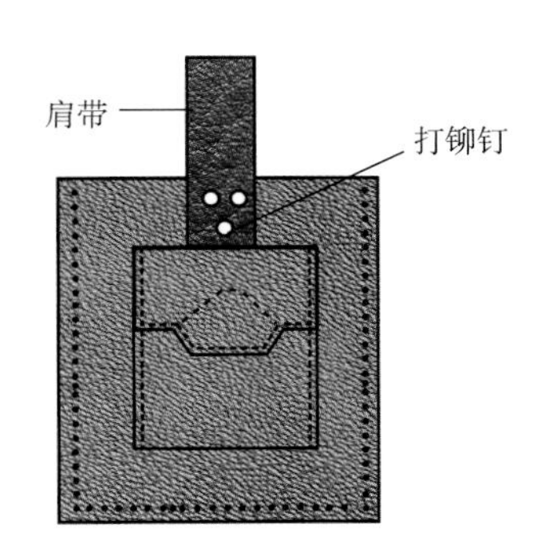

⑫肩带用铆钉钉在包侧口袋上方中央位置

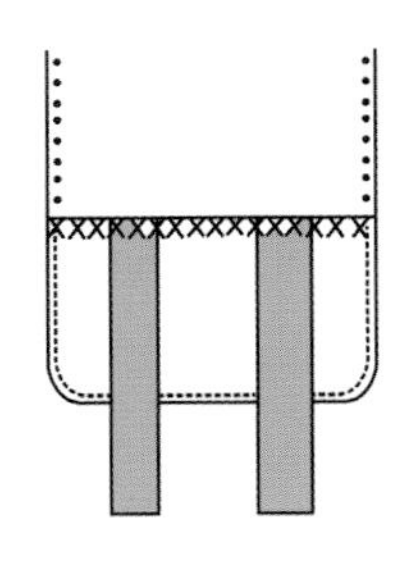

⑬包盖与包体缝合，用交叉缝合法，并加入两条盖带

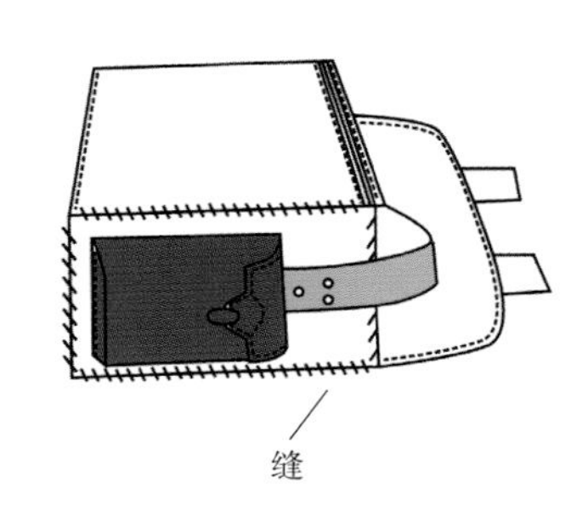

⑭包侧与包体用螺旋缝法缝合

⑮包袋提手两边打圆孔以交叉缝法缝合

⑯组合肩带

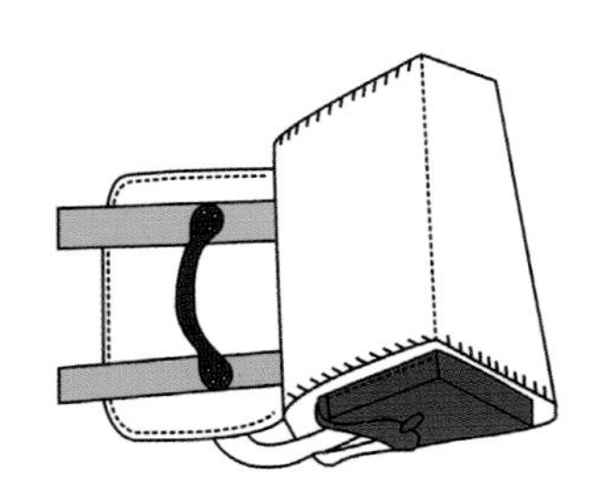

⑰将提手用铆钉钉在盖带上

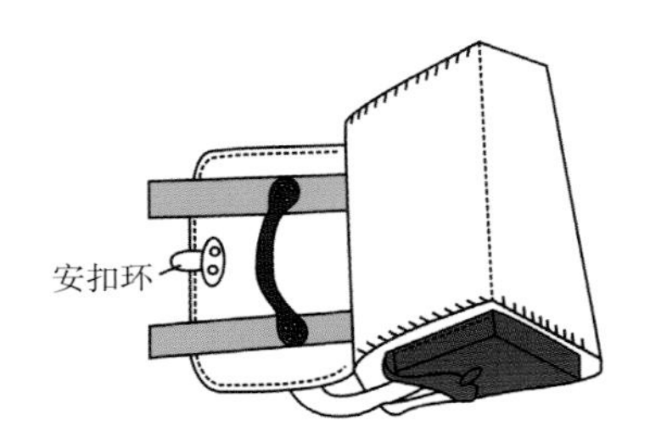

⑱在包盖前中央安装扣环

⑲包盖带上安装扣环

⑳用车针法将商标缝在包盖前中央

图 2-38 皮包制作过程

第三章　帽子的设计

帽子是服装整体搭配中的一个组成部分，是头部专用服饰品。在现代生活中，帽子作为头部服饰用品，不仅包括有帽檐的帽子，也包括无帽檐的帽子，还包括半帽等。

第一节 我国古代帽子造型

我国古代的帽子出现时间很早，根据时代的不同、使用材料的不同、造型的不同、用途的不同，被赋予不同的名称。下面按照造型的不同对我国古代的帽子进行分类介绍。

一、冠

根据历史资料及有关记载推测，冠是古人从自然界中鸟兽的头形得到启发制作的头部用品，我国历史上出现过的冠有：冕冠、通天冠、进贤冠、鹖冠、獬豸冠、凤冠等，表3-1是中国古代冠简表。

表3-1 中国古代冠简表

式样	名称	年代	用途	特点
	冕冠	秦汉	帝王、诸侯及卿大夫参加典礼时佩戴	冠体有宝石，两端有串珠
	通天冠	秦汉	秦汉时期皇帝的礼冠	无帽檐、帽身上有图案、宝石装饰
	进贤冠	秦汉	秦汉时期文吏、儒生戴的礼冠	轮廓方正
	獬豸冠	汉	汉朝执法官吏所戴的一种冠	冠体较小，戴在头顶
	鹖冠	秦汉	秦汉时期武官所戴的一种帽子	冠顶装饰有鹖羽

续表

式样	名称	年代	用途	特点
	凤冠	宋明	贵族妇女戴的一种礼冠	冠顶有凤凰造型、金属花饰

二、巾帻

巾帻是一种比冠更加随意的头部服饰用品，包括：头巾、幞头、抹额等。

（一）头巾

表3-2是中国古代头巾简表。

表3-2 中国古代头巾简表

式样	名称	年代	用途	特点
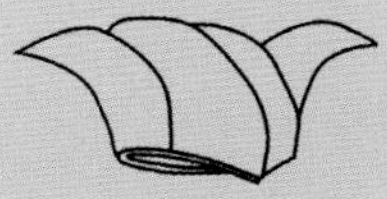	角巾	汉	百姓、官员日常生活使用	内有衬物，有棱角的头巾
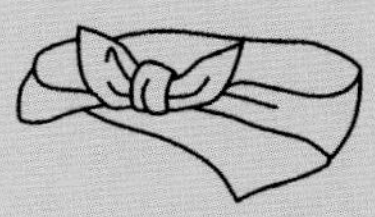	头巾	汉	百姓、官员日常生活使用	前面打结
	方顶巾	宋明	读书人专用	轮廓方正
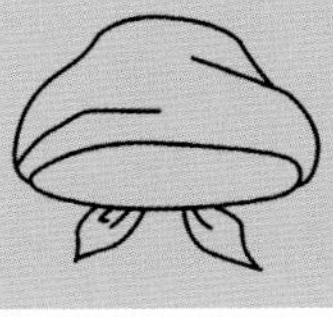	圆顶巾	魏	百姓、官员日常生活使用	后打结
	平巾帻	隋	百姓、官员日常生活使用	内有衬物

（二）幞头

幞头是把长发包裹住的一种巾帻。幞头有四根带子，两根系脑后，两根反系头上，然后绕到顶上打结，所以也称折上巾，表3-3是中国古代幞头简表。

表3-3 中国古代幞头简表

式样	名称	年代	用途	特点
	幞头	隋	百姓、官员日常生活使用	内有衬物
	平头小样	唐	百姓、官员宴居时使用	形状扁平，前有布结
	英王踣样	唐	百姓、官员日常生活使用	巾顶左右分开，有两个圆球体

（三）抹额

抹额是用一条布带围在额头上形成的一种巾帻，主要是妇女使用，表3-4是中国古代抹额简表。

表3-4 中国古代抹额简表

式样	名称	年代	用途	特点
	抹额	明清	妇女日常生活使用	上边有珠子装饰
	暖额	明清	妇女日常生活使用	毛皮制作

三、帽子

我国古代的帽子包括：帢帽、高屋帽、突骑帽、锦帽、帷帽、搭耳帽、卷檐虚帽、东坡帽、暖帽、笠帽、瓦楞帽、棕结草帽、乌纱帽，表3-5是中国古代帽子简表。

表3-5 中国古代帽子简表

式样	名称	年代	用途	特点
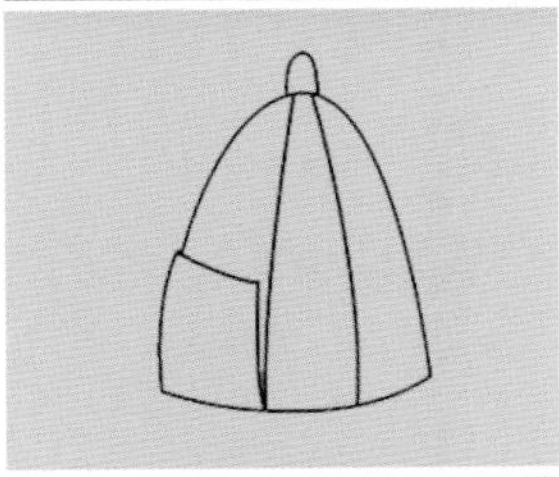	帢帽	三国	日常生活使用	尖顶、无帽檐
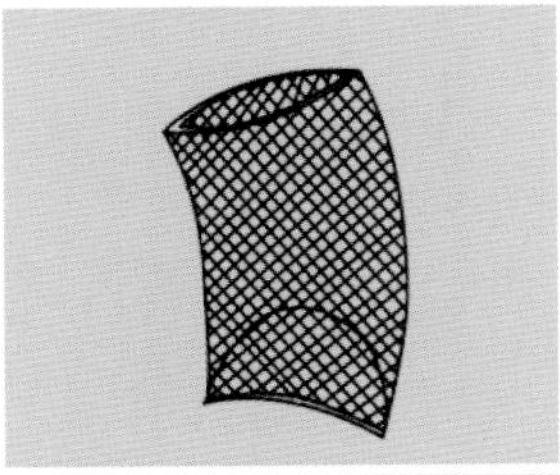	高屋帽	魏晋 南北朝	宴见、朝会使用	圆筒状，无帽檐，平顶，网纱制作
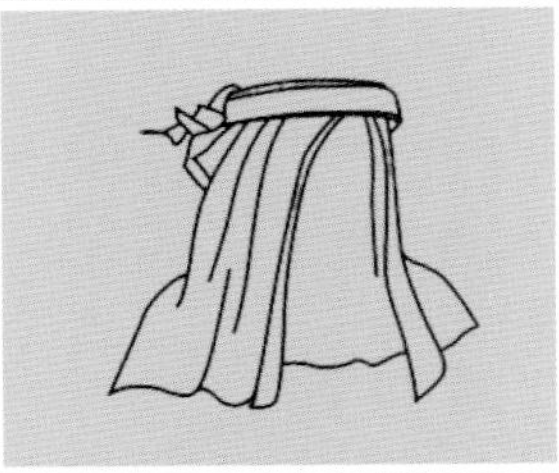	突骑帽	南北朝	防风使用	西域传入，帽身浅、帷布长至肩，帽顶后打结
	锦帽	唐	妇女使用	从西域少数民族传入中原，图案用串珠绣成
	帷帽	唐	妇女日常生活使用	下部分用纱料制作，遮风沙
	搭耳帽	唐	妇女使用	西域传入，图案用串珠绣成

续表

式样	名称	年代	用途	特点
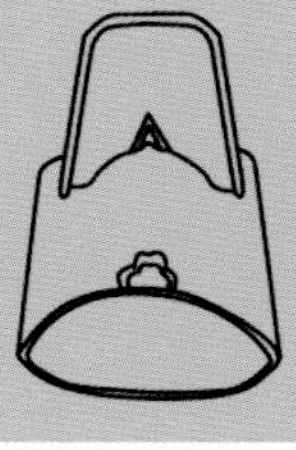	卷檐虚帽	唐	妇女使用	西域传入中原，帽檐上卷，帽顶高耸
	东坡帽	宋	日常生活使用	两层帽身、无帽檐
	暖帽	元	日常生活使用	由蒙古族传入，内用毛皮制作
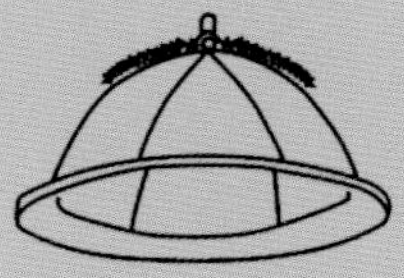	笠帽	元	夏季使用	由蒙古族传入，帽顶有珠宝装饰
	瓦楞帽	元	夏季使用	由蒙古族传入，藤篾编织而成
	棕结草帽	明	军人巡逻时佩戴使用	棕榈毛编织而成，帽顶有羽毛装饰
	乌纱帽	明	作为官帽使用	帽子后面有双翅

第二节 帽子的分类及设计要点

帽子因不同造型形成不同的类别，所以帽子的设计有两种形式，一是按传统帽子的类型进行设计，这类设计针对大众需求，在传统形式基础上寻找变化；二是突破传统帽子类型的创新设计，这类设计针对概念服装秀、非主流服饰、特殊场合，其特点是创新。本节主要从以上两种类型看帽子的设计和常用的材料。

一、帽子的分类及设计

帽身基本结构包括：帽顶、帽墙、帽檐（图3-1）。

根据帽子各个部位的造型变化可以分成以下几种类型。

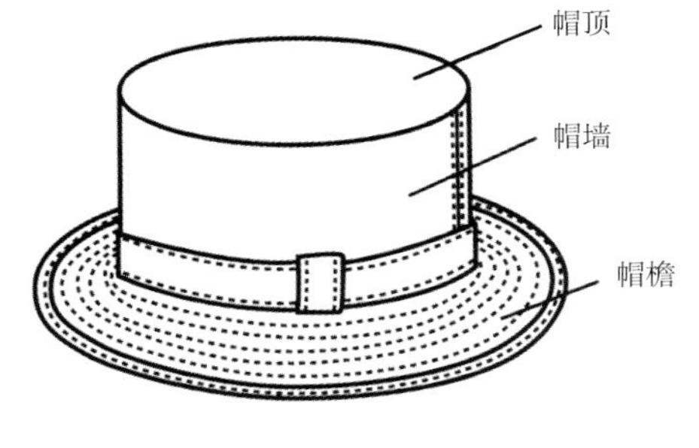

图 3-1 帽身基本结构

（一）贝雷帽

贝雷帽最早出现在古希腊、古罗马，在第二次世界大战期间、19世纪80年代、20世纪60~70年代最为流行，一般用作非正式场合的休闲帽。

贝雷帽的设计主要体现在帽身上（图3-2）。传统的贝雷帽上部略大于下部，帽身较低。在贝雷帽的帽身设计上可以有以下几种变化形式：

增长帽身：直接增长贝雷帽的帽身高度。

上大下小：除增长帽身高度外，还可以加大帽身上部分的围度尺寸。

图 3-2 贝雷帽

上下一样大：还有一种贝雷帽的帽身上下围度一样大，但是中间向外突出，帽身较浅，放在头顶，形似一个倒扣的坛子。

帽边变化：虽然贝雷帽没有帽檐，但是帽边的宽窄、颜色和材质可以变化。

（二）豆蔻帽

豆蔻帽源于土耳其的一种帽形，也称秃口，它是一种无檐帽，最早被称为花钵帽。

豆蔻帽的变化主要在帽身上，传统豆蔻帽多以上下帽围一样大，可以在表面设计细节、装饰等，也有上面稍大于下面的豆蔻帽造型。由于豆蔻帽帽身紧贴头部，所以常使用针织、编织法制作，感觉随意自然（图3-3）。

图 3-3 针织豆蔻帽

（三）伏头

伏头的设计要点是它的造型分为两种：一种是与上衣相连；另一种是单独的帽子，帽身紧贴头部。与上衣相连的伏头，造型一般有纵向两片结构、横向两片结构、纵向三片结构。单独的伏头型帽子，其造型一般是帽身紧贴头部，这种单独的伏头型帽子可寻求边缘线的变化和帽身外形的变化（图3-4）。

（四）斗笠

斗笠是一种帽顶、帽身为一体，帽顶呈尖顶或斜圆顶，帽檐较大的帽子。

斗笠类的帽子其造型设计主要表现在帽身的倾斜度和帽檐的大小上，可设计斜圆顶、尖顶、帽身遮面

图 3-4 伏头

图 3-5 斗笠

图 3-6 鸭舌帽

等形式（图3-5）。

（五）鸭舌帽

鸭舌帽是对有帽檐的帽式的统称，也有大盖帽、狩猎帽、棒球帽等别称。

传统的鸭舌帽帽身扁平，无明确的帽顶帽身之分，帽身与帽顶结构上连在一起。在传统鸭舌帽的基础上，可以演化出鸭舌帽的多种新造型（图3-6）。

贝雷鸭舌帽：这类鸭舌帽的帽身造型与贝雷帽相似，只多出一个鸭舌形的帽檐。

圆顶鸭舌帽：圆顶鸭舌帽的帽身紧贴头部。

平顶鸭舌帽：平顶鸭舌帽因造型较方，造型设计重点在帽身上。

（六）钟型帽

钟型帽是流行于20世纪30年代的一种帽子，以帽身较深、帽檐下倾、外形似钟而得名，体现出一种随意的休闲风格。

钟型帽的设计要点是：整体帽身或多片分割帽身，整体帽身一般使用呢料，做整体热压定型；帽檐可设计为平滑帽檐或者荷叶边形状帽檐；另外可在帽腰装饰上寻找设计点或者在帽子的材料上寻找突破点，在相对传统的帽型基础上创造新意（图3-7）。

（七）宽檐帽

宽檐帽是帽檐较宽的一种帽子，起初以遮阳为目的。因其帽檐宽大，设计师们常在帽檐上设计各种装饰。

宽檐帽的设计重点是帽身的变化，首先是帽顶造型设计，帽顶可以是平顶、圆顶，在进行帽墙设计时可尽量发挥想象，设计出各种形式。其次是帽檐设计，由于其帽檐较宽，可以运用各种手法设计装饰，如立体花、植物、纱网、蝴蝶结、丝带等，设计出不同风格的宽檐帽（图3-8）。

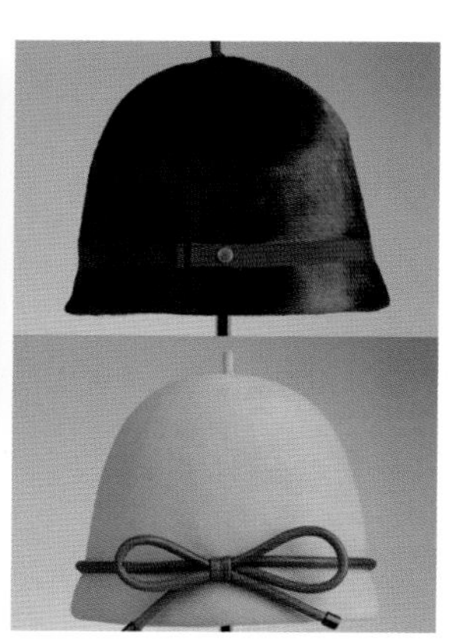

图 3-7 钟型帽

图 3-8 宽檐帽

（八）翻折帽、牛仔帽

翻折帽是一种便帽，分为前翻帽、后翻帽、全翻帽。牛仔帽也被称作西部帽，是美国西部长期流行的一种帽子类型，牛仔帽的特点是帽檐两边向上翻卷，帽顶中凹下一点，过去多为男子所用，现在穿着牛仔装的女性也戴这种帽子。

翻折帽、牛仔帽的帽身有平顶、圆顶之分，其设计要点是：圆檐可以往前翻也可以往后翻或者整个帽檐全翻起来，其中牛仔帽帽檐两边往上翻是传统的形式（图3-9）。翻折帽、牛仔帽整体造型相对稳定，多在寻找色彩、面料的变化。

图 3-9 牛仔帽、翻折帽

（九）礼帽

图3-10所示的罐罐帽、圆顶礼帽、药盒帽都属于礼帽。

罐罐帽：是一种轻便礼帽，帽身呈直立状、平顶，一般为正式场合使用。罐罐帽的特点是帽身呈直立状，所以罐罐帽的设计重点是帽身外形的变化，多考虑高、矮、宽、窄的变化，帽檐可以设计成不同的形式。

圆顶礼帽：也称常礼帽，是19世纪男子戴的一种便帽，第一次世界大战后在英国广泛流行，成为正式礼帽。圆顶礼帽的顶都为圆顶，其设计重点是帽身廓型的细微变化；帽腰装饰带的变化；或者在材料色彩上寻找创新点。

药盒帽：帽身较小较浅，戴时放在头顶部，通常配有很多装饰，如人造花、网纱、珠子、羽毛等，装饰性强，多与女士晚装相配。药盒帽的造型设计重点是造型和装饰，造型可呈圆形、椭圆形或者其他不规

图 3-10 礼帽

图 3-11 发箍半帽

则造型。装饰设计点比较宽泛，纱网、花结、缎带、干花、其他装饰材料等都可以运用到设计中。

（十）发箍半帽

发箍半帽是头顶上的装饰，是一种半帽，又可以称为发箍式半帽或者发饰品。宽的发箍帽可以称为半帽，窄的发箍帽可以称为发箍。

发箍半帽的设计要点是：它的形状和大小变化非常大，可以说发箍帽是非常适合创意设计的帽子类型。这种帽型可以利用各种装饰材料进行设计，如塑料、金属片、珠子、人造花、宝石、各种夸张的玩偶，甚至鞋子、桌椅、手包都可以作为小的装饰元素运用在发箍半帽的设计中（图3-11）。

（十一）概念帽

概念帽是指用非常规的充满各种奇思妙想的设计理念设计的帽子。没太多搭配上的规则，与日常着装可以搭配，形成混搭的服饰效果，与一些需在特殊场合穿着的服装也可以搭配，如万圣节、狂欢节、化装舞会、服装秀、时尚派对等。

概念帽在造型、色彩、材料、装饰上都可以最大限度地发挥想象，奇特、大胆、非常规的外型和绝对个性化的创意都可以运用到概念帽的设计中。各种非常规做帽子的材料都可以运用到设计中，如各种塑料制品、金属制品、木制品、羽毛、贝壳、海藻、纸张（图3-12）。

图 3-12 概念帽

二、帽子的材料选择

帽子材料的选择主要与帽子的造型和用途有关，下面介绍常规实用帽子的材料选择（图3-13）。

钟型帽类的帽子，其制作材料多为毡呢和较厚的织物，例如：毛呢、粗花呢、针织面料、牛仔布、斜纹布、PU皮等材料。适合正式场合佩戴的钟型帽，其材质选择则更为精致，可选用精纺呢料、金丝绒等材料，凸显帽子的礼仪性质。

豆蔻帽类的帽子，其制作材料除了常见的毛呢料，还可以使用针织、编织等手法制作，营造休闲自然的感觉。

宽檐帽类的帽子，以遮阳、装饰为目的，多采用涤棉、防水布、防紫外线面料制作，或用植物茎秆进行编织，如用麻绳、稻草、麦秸秆、竹篾等材料。

贝雷帽类的帽子，多采用精纺的毛呢、天然皮革、PU皮制作，或用纯羊毛线、毛腈混纺线编织而成。

鸭舌帽类的帽子，则多采用涤纶、斜纹布、牛仔布或者天然皮革、PU皮等材料。

作为女性礼帽的药盒帽因其礼仪性质，其材质多为精细的呢料、丝织品等精致材料，上面装饰网纱、珠宝、羽毛等。

对于概念帽类的帽子，其材质的选择可以更加大胆，可以选择非常规材质进行帽子设计，例如：铁皮、胶皮、藤蔓、塑料、纸张、建筑材料、木板、PU皮等。

图 3-13

图 3-13 帽子的材料

第三节 帽子的制作

一、帽子的制作设备与工具

手工制作帽子主要需要打板、裁剪、缝制三个方面以及相应的设备与工具。帽子缝制设备主要包括工业平缝机、家用缝纫机等。帽子打板、裁剪用的手工工具较多，主要有（图3-14）：

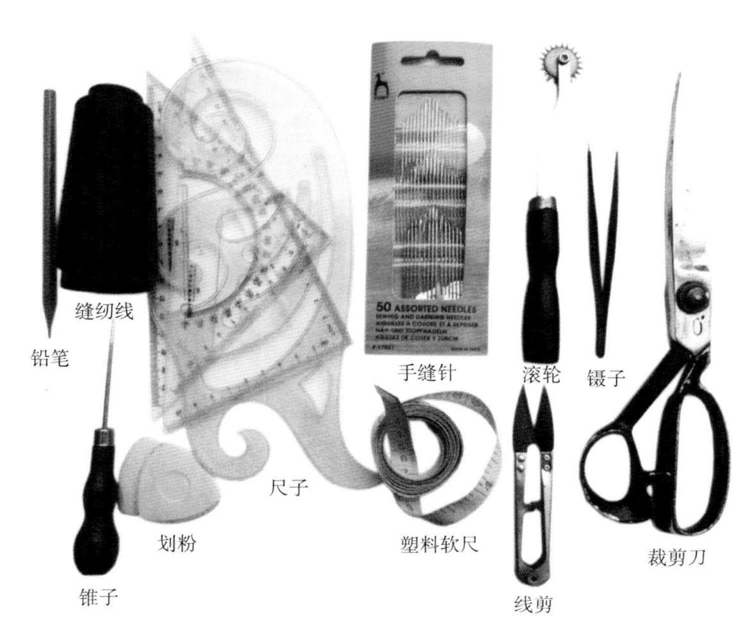

图 3-14 手工制作帽子的主要工具

铅笔：绘图用。

缝纫线：缝制用。

尺子：绘图用。

手缝针：缝制用工具。

滚轮：在纸板上压记号时用。

镊子：缝纫时夹面料。

裁剪刀：用来裁剪的工具。

锥子：机缝时用来按住面料尖端的部分。

划粉：在面料上画样时用。

塑料软尺：打板、缝制、检验时都需要的工具。

线剪：是剪线头的工具。

电熨斗：熨烫时使用。

熨烫包：熨烫时使用的圆包形垫子。

刷子：刷胶时使用。

图钉：固定时使用。

吹雾器：手工做帽子时用来加水蒸气的工具。

帽模：手工做帽子时用的木模，有：帽身模（图3-15）、帽檐模（图3-16）。帽模主要用于编织类帽子和毛毡、呢子类帽子的制作。

二、帽子的基本制作方法

帽子的制作方法包括：测量、打板、裁剪、缝制，如图3-17所示流程。

（一）测量

制作帽子的板型之前，首先应测量头围（*HS*）和头高（*RL*）。测量头围的方法如图3-18、图3-19所示。

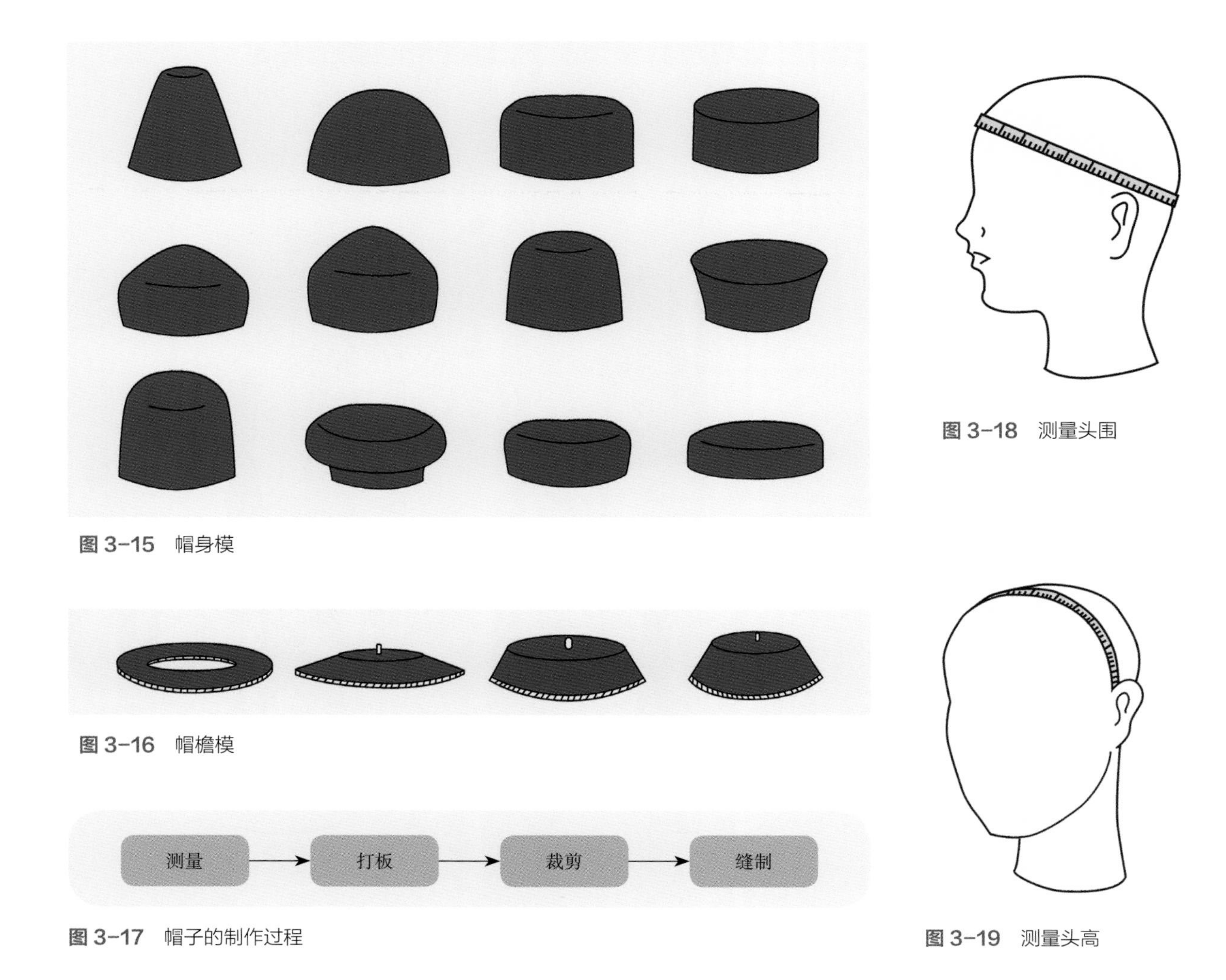

图 3-15 帽身模

图 3-16 帽檐模

图 3-17 帽子的制作过程

图 3-18 测量头围

图 3-19 测量头高

（二）打板

先在纸上画样板，然后用滚轮沿着帽子板型的边缘线做小孔记号，再将做了记号的样板放在面料上，用白粉末透过记号孔漏在面料上，再在面料上将样板画完整。

（三）裁剪

画好样板后就可以进行裁剪，纺织面料的帽子和皮革帽子的裁剪方式不同。纺织面料的帽子，裁剪时要对图案、对条、对格、对顺光和逆光。皮革帽子裁剪时要选择色彩、光泽、厚度一致的材料，还要注意避开皮革的伤口、斑点、划痕。

（四）缝制

手工制作帽子有三种方式：缝合、编织、热压定型。缝合有两种形式：一是用缝纫机或者手工将帽裁片组合缝制而成；二是在帽模上用材料边缠绕边缝合而成。编织是用材料通过钩针或棒针编织而成；热压定型是将面料放在帽模上进行逐步热压定型制作而成。

三、帽子的基本板型

（一）圆顶帽帽身的基本板型纸样

图3-20是圆顶帽帽身的三种基本板型纸样，板型下方对应的是根据该板型绘制的帽身款式图，有三种形式：八片帽［图3-20（1）］、六片帽［图3-20（2）］、四片帽［图3-20（3）］。利用该板型制作出来的帽身与头部大小一致，无放松量，基本贴于头部。

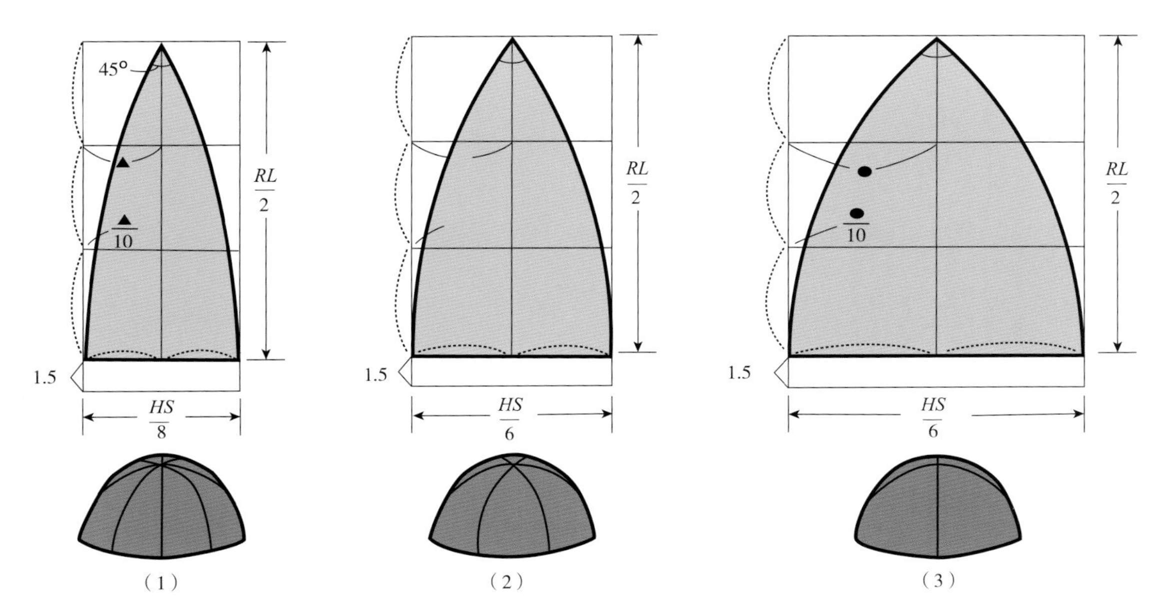

图 3-20 圆顶帽帽身基本板型纸样（头围：*HS*；头高：*RL*）

（二）平顶帽帽墙的基本板型纸样

图3-21是平顶帽帽墙的基本板型纸样，板型左边是款式图。利用该板型纸样制作出来的平顶帽帽墙，与头部大小合适，无放松量。

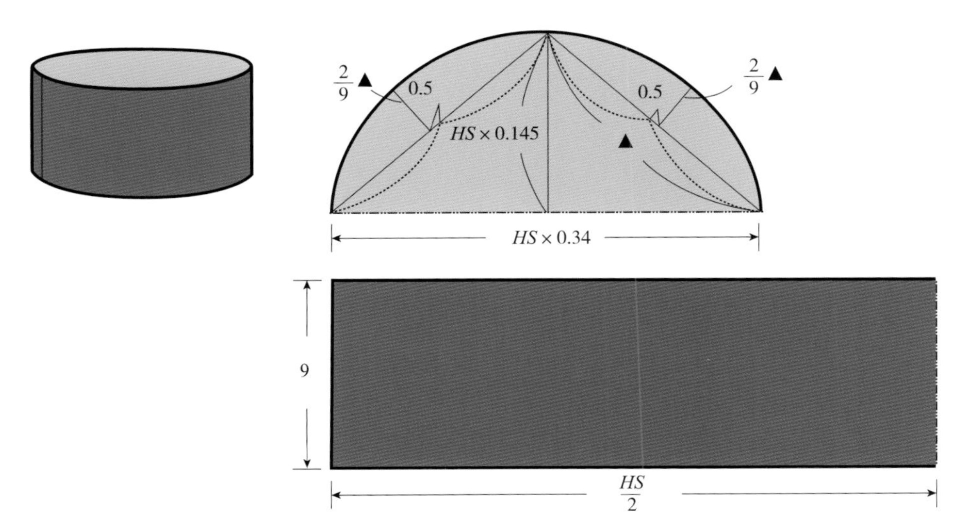

图 3-21 平顶帽帽身的基本板型纸样

（三）水平帽檐的基本板型纸样

图3-22是水平帽檐的基本板型纸样，图左上方是款式图。利用该板型纸样制作出来的帽檐呈水平状态，帽檐内圈大小与头围一致，无放松量。

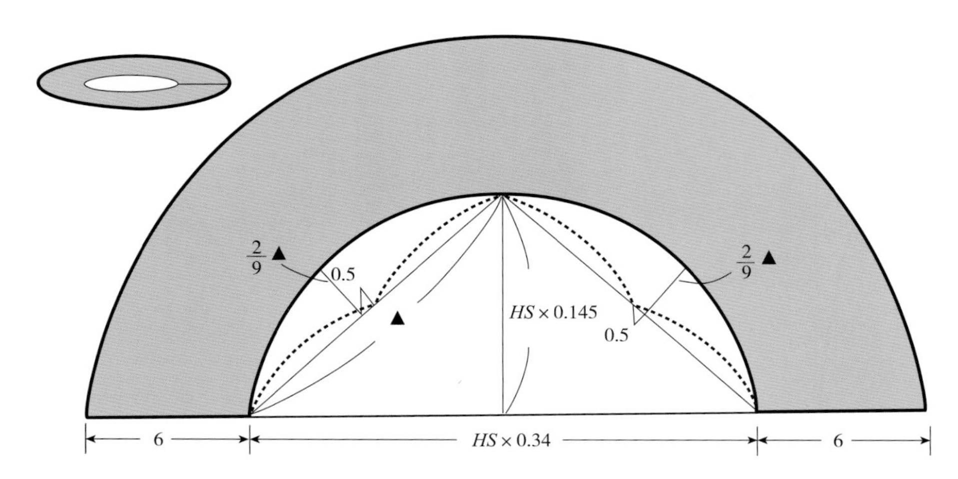

图 3-22 水平帽檐的基本板型纸样

（四）倾斜帽檐的基本板型纸样

图3-23是倾斜帽檐的基本板型纸样，图左上方是根据该板型纸样绘制的款式图。利用该板型纸样制作出来的帽檐呈倾斜状态，可向上倾斜或向下倾斜，帽檐内圈大小与头围大小一致，无放松量。

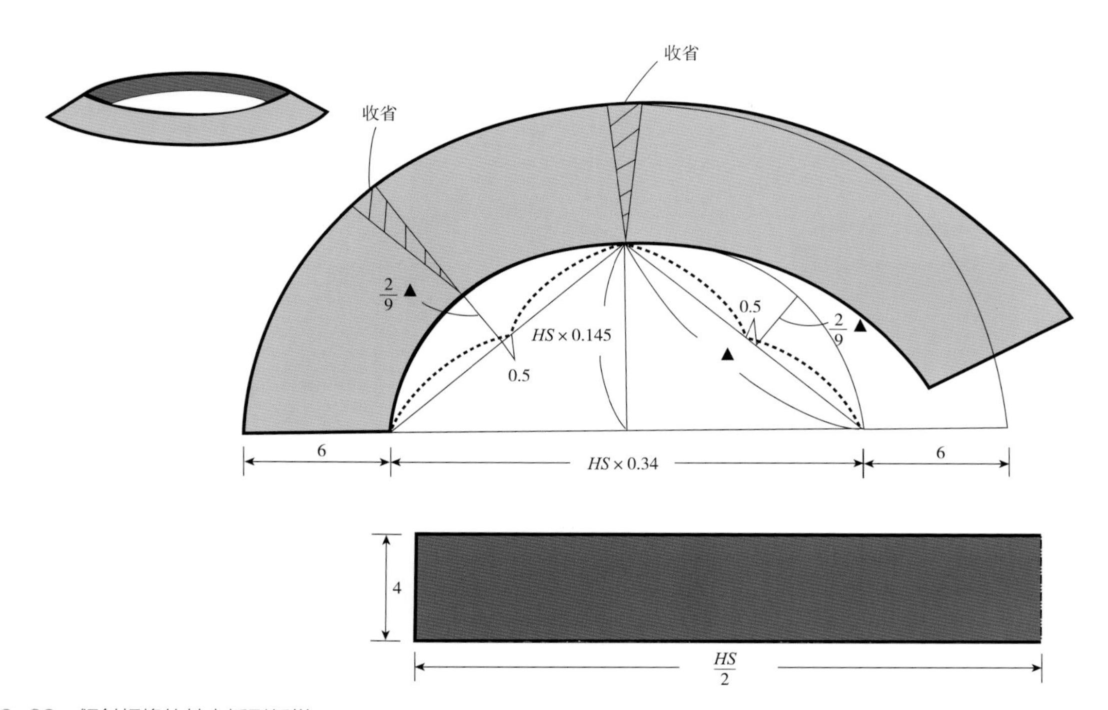

图 3-23 倾斜帽檐的基本板型纸样

（五）贝雷帽的基本板型纸样

图3-24是贝雷帽的基本板型纸样，图左侧是样式图，是一款八片贝雷帽。利用该板型纸样制作出来的贝雷帽帽边大小与头围大小一致。

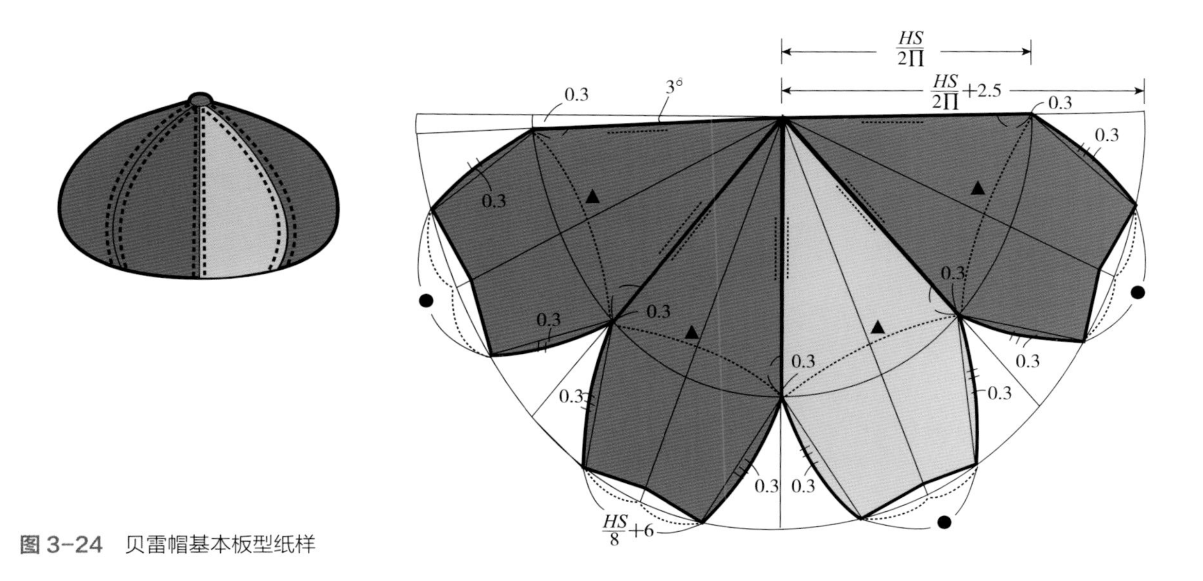

图 3-24 贝雷帽基本板型纸样

四、案例一 平顶帽制作方法

（一）打板及面料裁剪

如图3-25所示，平顶帽板型纸样包括面料纸样和里料纸样，面料纸样有帽墙1块、帽顶1块、帽檐2块、汗条1根、装饰带1根；里料纸样有帽墙1块、帽顶1块。

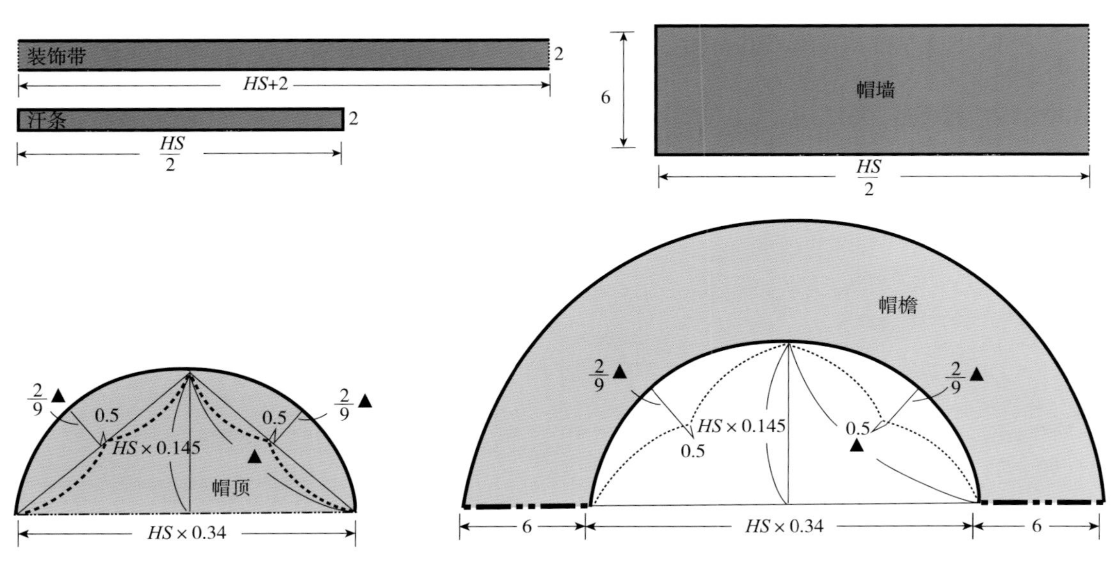

图 3-25 面料、里料纸样图

（二）缝制步骤（图3-26）

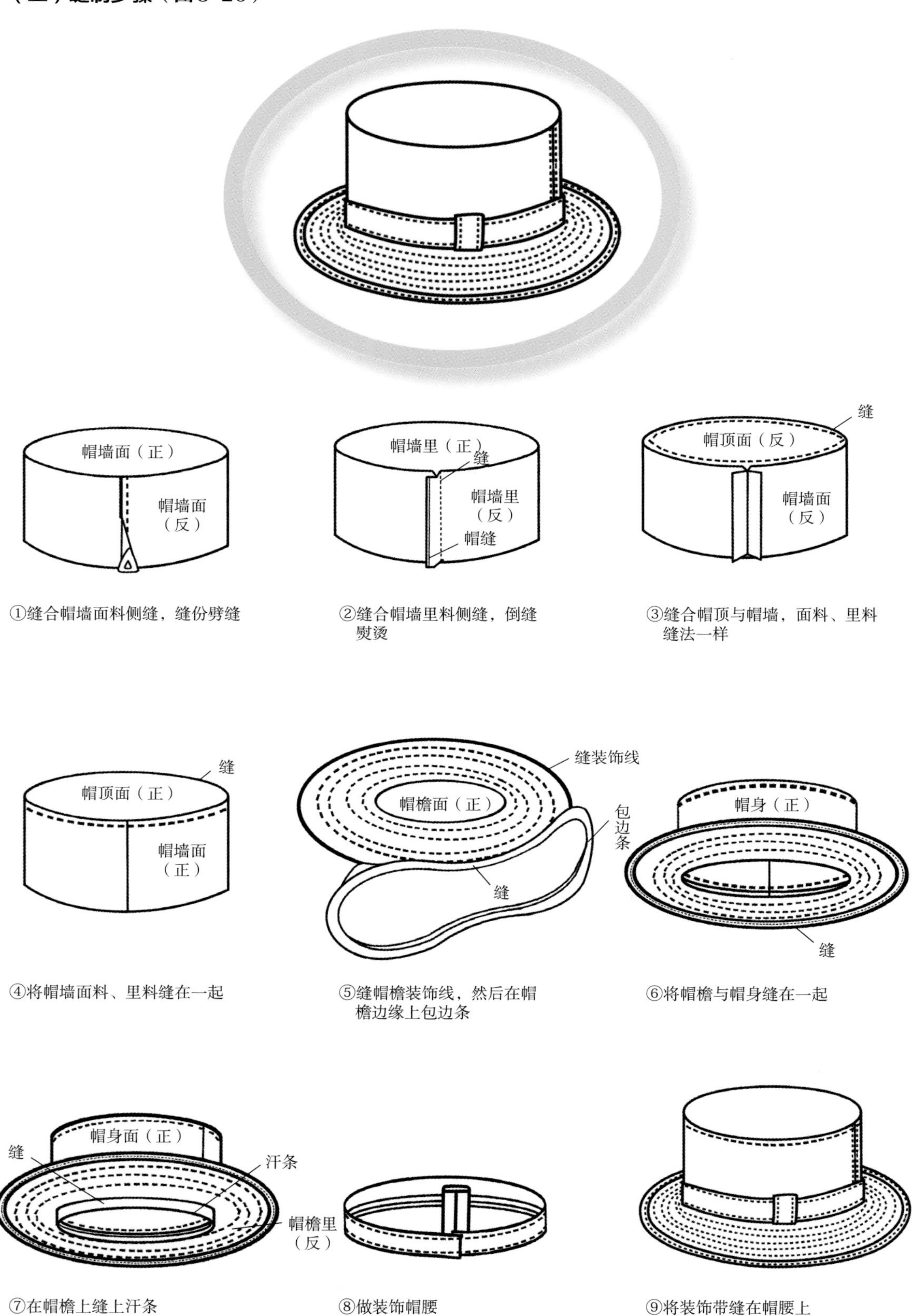

图3-26　平顶帽缝制步骤

五、案例二 钟型帽制作方法

（一）打板及面料裁剪

如图3-27所示。钟型帽（无里）板型纸样包括面料纸样和里料纸样，面料纸样有帽墙6块、帽檐2块、压条6根、汗条2根（其中1根作为帽腰）。

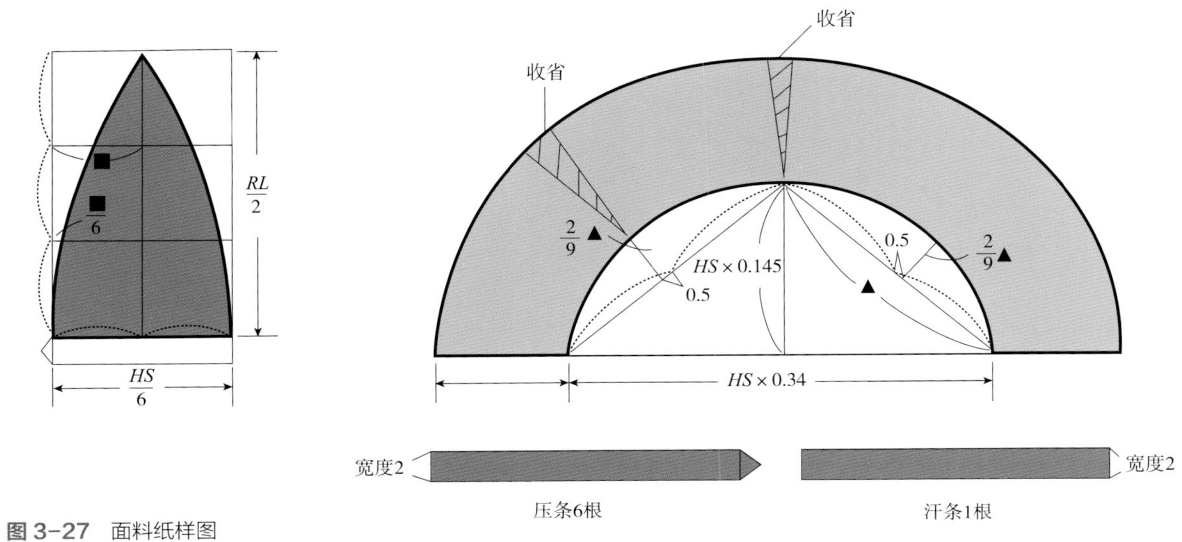

图3-27 面料纸样图

（二）缝制步骤（图3-28）

缝
帽身（反）
熨斗
劈缝

①帽身三片缝合在一起，缝份劈缝

缝
帽身（反）

②再将两大片帽身缝合在一起

缉明线
帽身（反）
帽身（正）

③将压条缝在帽身反面

帽身（正）
缝
帽腰

④缝帽腰

缝
帽檐里（反）

⑤将帽檐两片面料折边，反面对缝压

帽檐里（正）
帽（正）
缝
缝

⑥将帽檐缝在帽腰上

帽（正）
帽檐里（正）
缝
汗条

⑦将汗条缝在帽檐上

缉明线

⑧在帽腰上缉明线，压在汗条上

图3-28 钟型帽制作步骤

六、案例三 圆顶礼帽制作方法

该案例是介绍手工逐步热压定型做圆顶礼帽的过程。

（一）选木模及材料

面料：选择比木模的帽檐和帽墙稍大一些的呢料1块。

辅料：汗条1根、装饰带1根。

（二）制作步骤（图3-29）

①将帽身模型放在帽檐模型上

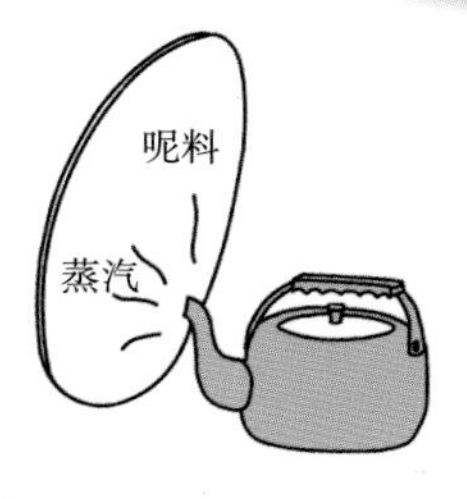

②用蒸汽汽蒸一下做帽子的呢料

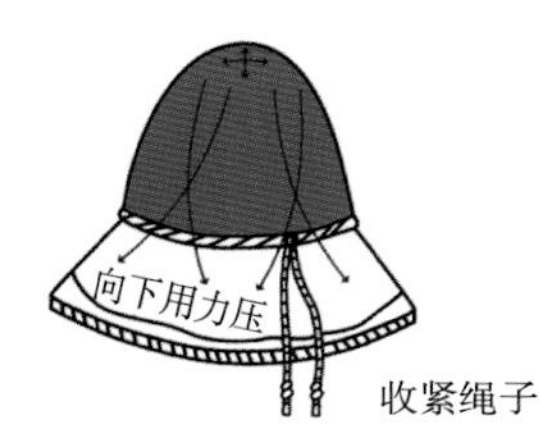

③呢料放在帽身模型上，按箭头方向用力压，并用绳子捆在帽腰上

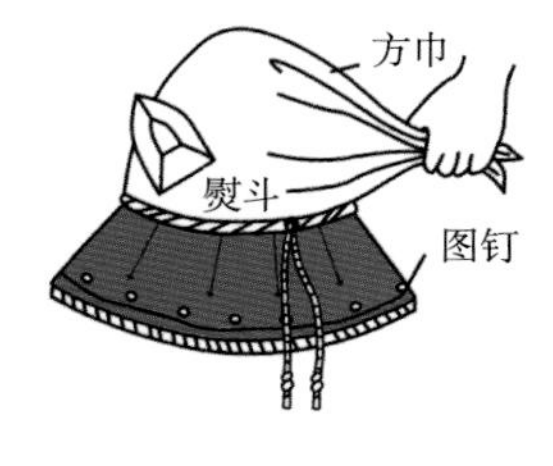

④用方巾垫在帽身上用熨斗熨烫，使其平服，往箭头方向拉帽檐并钉上图钉

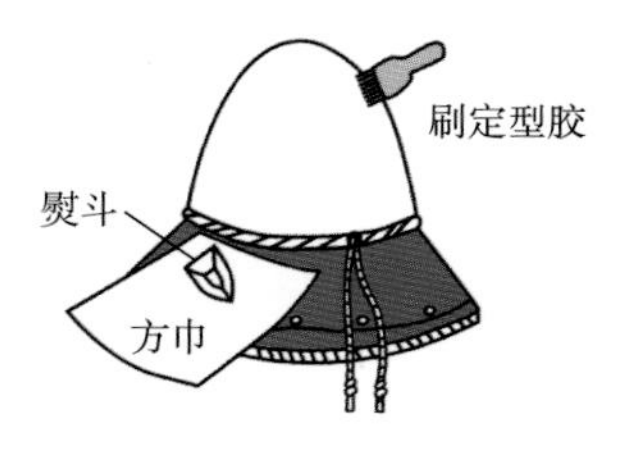

⑤帽身平服后，刷上定型胶，用熨斗烫帽檐

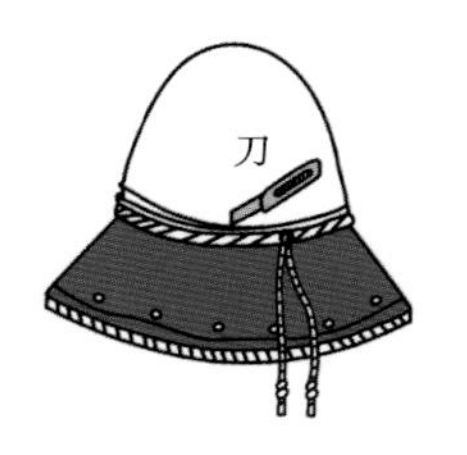

⑥用工具刀沿帽腰线将帽身划开

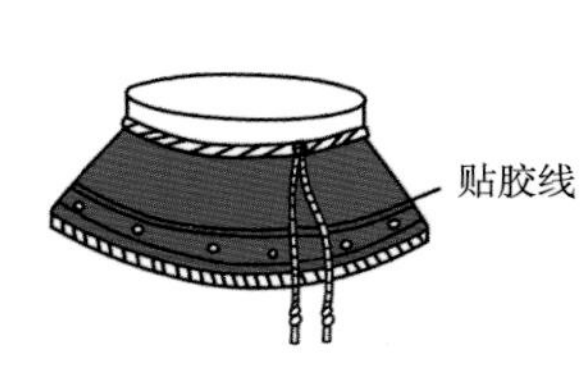

⑦用胶带贴出帽边线

⑧沿帽边线用剪刀剪下多余的帽檐呢料

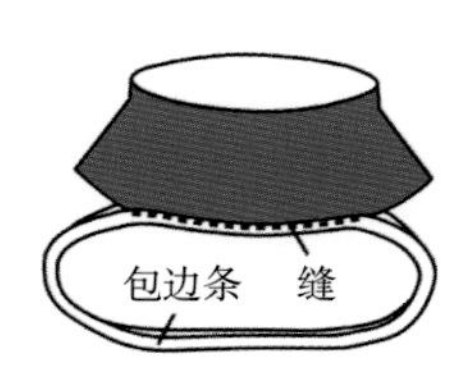

⑨在帽边缝上包边条

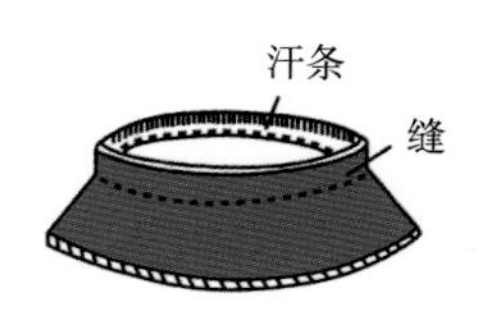

⑩在帽腰处缝上汗条

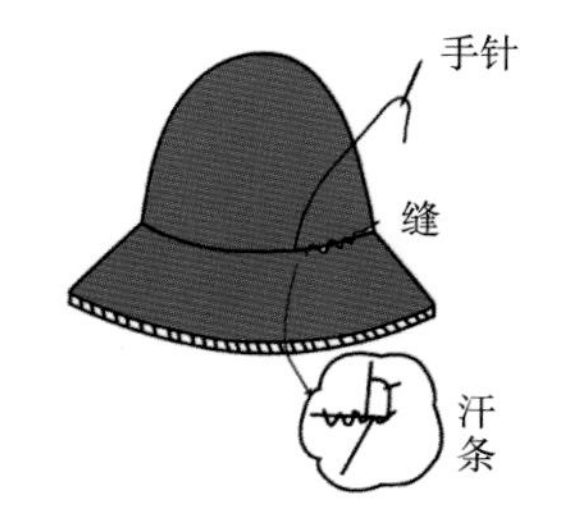

⑪用手针将帽身与帽檐相连

⑫缝上装饰带

图3-29 圆顶礼帽制作步骤

七、案例四　草编帽制作方法

该案例介绍手工制作草编帽的方法。

（一）选木模及材料

材料准备：选择包裹木模面积3.5倍左右的草编带、汗条1根、装饰带1根。

（二）制作步骤（图3-30）

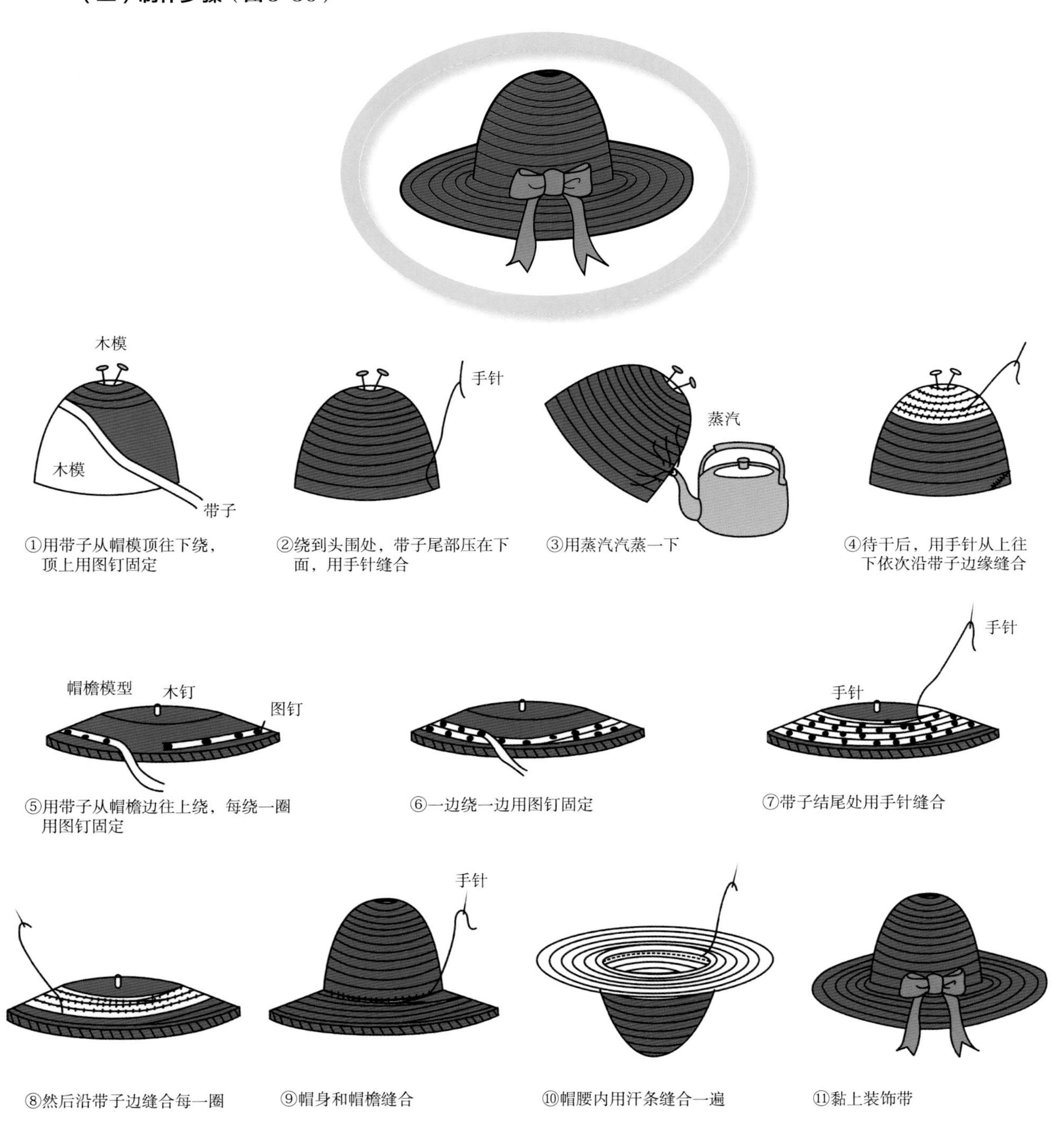

图3-30　草编帽制作过程

第四章　鞋、袜子、手套的设计

鞋、袜子、手套都是以实用功能为基础的服饰品，其目的是保护和保暖。由于在当今社会中人们对整体服饰搭配效果比较重视，使鞋、袜子、手套设计同样成为服饰设计的重点之一，成为配饰设计中不可忽视的重要内容。

第一节　我国古代鞋、袜子、手套造型

一、鞋

我国古代对鞋的称呼有：屩、丝履、弓履、舃等，表4-1分别简要介绍其样式、名称、年代和用途与特点。

表4-1　我国古代鞋造型简表

式样	名称	年代	用途	特点
	屩	秦	日常生活使用	用稻草编成
	履	汉	日常生活使用	丝、麻、葛制作
	木屐	汉	日常生活使用	木底有两个木齿
	舃	汉	贵族上朝时使用	有较厚的木底
	舃	唐	贵族上朝时使用	有较厚的木底，前面有块玉

续表

式样	名称	年代	用途	特点
	外高底鞋	明	妇女使用	香樟木为鞋底并露在鞋帮外面
	里高底鞋	明	妇女使用	香樟木为鞋底并包在鞋帮里面
	底而香鞋	明	老年妇女使用	平底，有绣花
	花盆底鞋	清	满族妇女使用	脚心位置有一个10cm左右的木头桩
	高底拖鞋	清	妇女使用	鞋底有两个木齿
	靴子	宋	多用于军队	用毛毡、缎、苎麻做成
	凤头鞋	宋	妇女使用	鞋尖做成凤头的形状
	厢鞋	明	日常生活使用	有较厚的木底

二、袜子

据考证，我国历史上最早的袜子出现在夏朝，称为角袜，是用兽皮制作的袜子。后来各时期的袜子造型都较简洁，有点像现在的无跟袜。表4-2所示是我国古代比较典型的袜子样式。

表4-2 我国古代袜子样式简表

式样	名称	年代	用途	特点
	袜子	汉	日常生活使用	用彩色锦缎制作，造型简洁
	袜子	宋	日常生活使用	用丝、棉布制作
	袜子	清	日常生活使用	用白色的细棉布、麻布、素色的绸缎制作，袜底有绣花

三、手套

我国可以考证的早期的手套是在湖北省江陵县藤店1号战国楚墓中出土的一双皮手套，这双皮手套长28.5cm，五指分开，与现今手套无异，可以说是目前发现的我国年代最早的手套实物了。我国古代手套有两种形式：手套和手筒，如表4-3所示。

表4-3 我国古代手套样式简表

式样	名称	年代	用途	特点
	手套	汉	日常生活使用	用动物毛皮、丝织物制作
	手套	宋	日常生活使用	内用毛皮制作
	手筒	清	日常生活使用	针织而成

第二节 鞋、袜子、手套的分类及设计要点

鞋、袜子、手套的设计，就是对其造型、材料、色彩、装饰四个方面的综合设计，综合考虑几个方面之间的联系，才能做出好的设计。随着时代的进步，人们对于服饰品审美要求不断提高，鞋、袜子、手套在基本满足实用功能的基础上越来越注重审美性。

一、鞋的材料选择及设计

（一）鞋的部位名称

相对于袜子和手套而言，鞋的结构较为复杂，进行造型设计之前需要了解各个部位的名称（图4-1、图4-2）。

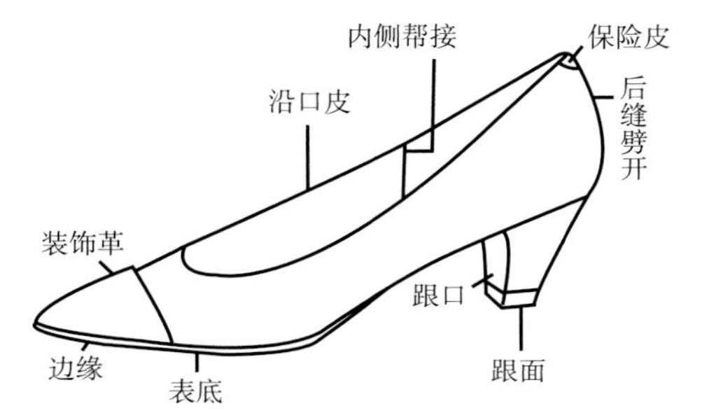

图 4-1 女式船鞋

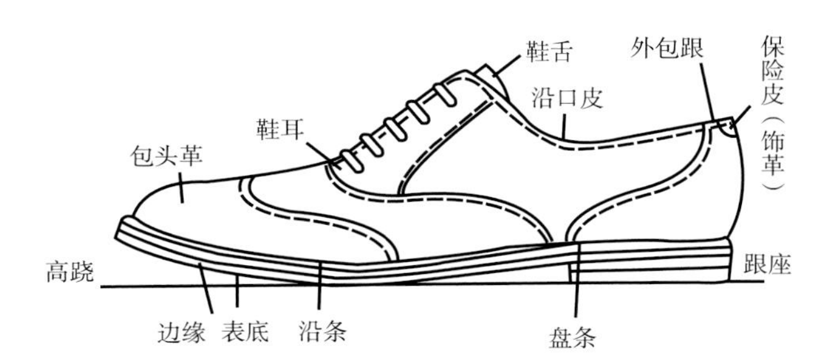

图 4-2 男式牛津鞋

（二）鞋的材料选择

鞋常用的材料包括面料、里料和填充料。

鞋的面料主要有天然皮革类、合成皮革类、纺织面料、聚乙烯塑料等，图4-3是选用各种材料制作的鞋。

鞋的里料主要指做鞋帮里的面料，主要有里皮、化纤面料、棉麻布等。里皮是厚牛皮削去外层剩下的一层皮，两面起绒，皮质柔软，但牢度不强，比较适合做鞋帮的里料，也可以做鞋底最贴近脚的一层。化纤面料保温性能、耐磨性能较好，常用于作为秋冬鞋靴和运动鞋的里料。棉麻布料耐磨性较差，常见于婴幼儿鞋、棉布鞋或者室内鞋的里料。

鞋的填充料主要有棉、锦纶棉、薄海绵、动物毛等材料，目的是为了增强鞋的保温性能。

（三）鞋的造型设计

鞋的造型十分多样，任何一个结构部分的改变都会带来造型上的变化。鞋的造型设计是将各造型元素按照一定的审美规律进行组合，可以将平面构成、立体构成等构成方式运用到设计中，塑造出理想的造型款式。

在鞋的造型元素中，点代表着一个设计局部、一个装饰点，如：花饰、蝴蝶结、装饰扣、人造宝石、

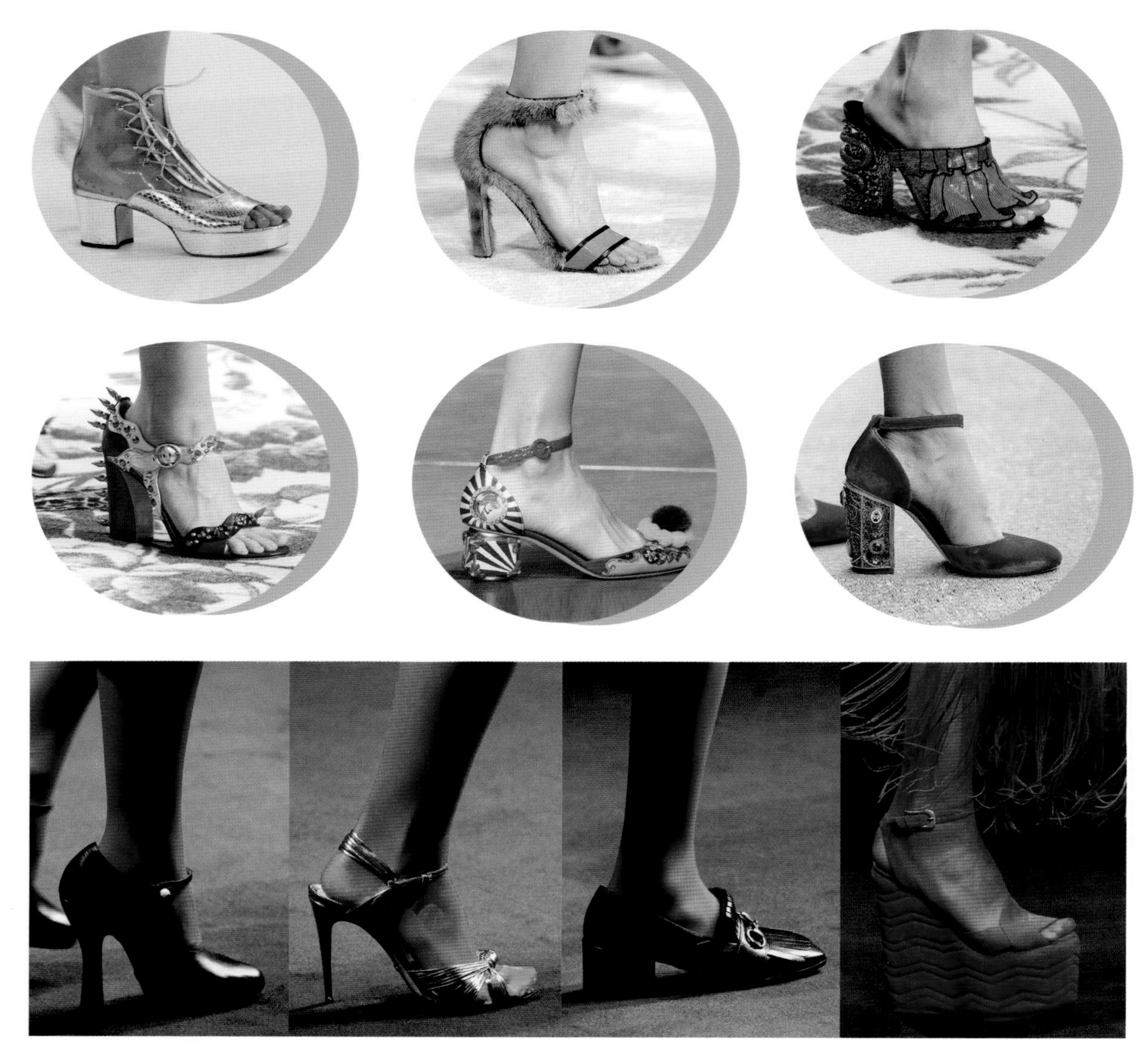

图 4-3 天然皮革、合成皮革材料的鞋

金属配件等。在具体设计中可以充分发挥点的灵活作用，突出其引导视线的效果。线在鞋设计中具有代表性的有：分割线、明缉线、装饰线、细褶线。在具体设计中，可以从改变线的粗细、曲直、长短、疏密、位置、排列方式、立体与镂空等方面入手来表达不同的设计理念。面在鞋的设计上表现为鞋帮、鞋底等，设计者可以通过面与面的连接、分离、层叠等方法，形成不同的样式。

鞋的造型设计可以从鞋帮、鞋跟、鞋筒等方面入手。

1. 鞋帮的设计

鞋用于遮住脚背和后跟的部分称为鞋帮。鞋帮的设计是鞋设计的重要部位，一双鞋的款式风格主要体现在鞋帮上。鞋帮的设计归纳起来主要有以下形式：

条带式： 属于线的结构造型，变化造型可参照线的变化。条带式鞋帮多用于凉鞋和拖鞋，其鞋帮由条带组合而成，一般与无头、无跟或者侧空造型相结合。条带数量以及编织方式的变化带来鞋帮造型的变化（图4-4）。

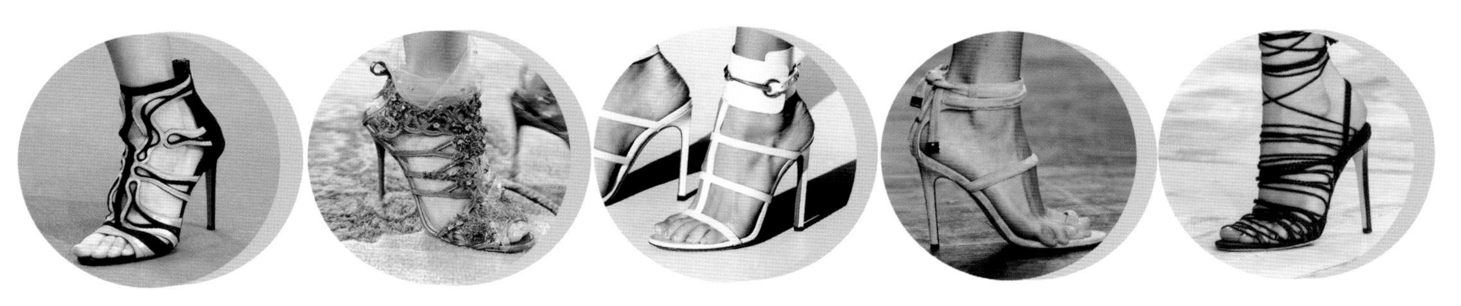

图 4-4　条带式

镂空式：镂空式设计是指在一整个鞋帮上进行镂空形成图案，这种设计常用在春夏季的鞋上，镂空造型根据设计方案确定，镂空部位的图案造型和镂空的数量是这类鞋款式变化的主要方面（图4-5）。

图 4-5　镂空式

半遮式：鞋帮把脚面遮住一半的鞋叫半遮式鞋，这种鞋型运用得最多，春夏秋款鞋都可以使用这种鞋帮造型方式。半遮式鞋帮还可以与前空、后空、侧空鞋型结合起来（图4-6）。

全遮式：全遮式鞋是指鞋面把脚背全部遮盖的鞋型，没有镂空或者开口，这种鞋型保护性较强，适用于运动款或者秋冬鞋款（图4-7）。

运动式：随着人们对运动的日趋热爱，各式运动鞋应运而生，运动式鞋分专业运动鞋、户外旅游鞋和运动风格休闲鞋。专业运动鞋是根据专项运动要求设计，其造型、图案以流线型为主，给人流动、轻松的感觉。户外旅游鞋以户外步行、登山为目的，也借鉴运动鞋的造型，力求舒适。运动风格休闲鞋是借用运动鞋元素设计的休闲鞋，用于日常生活和旅游。图4-8是运动式，图4-9是休闲式。

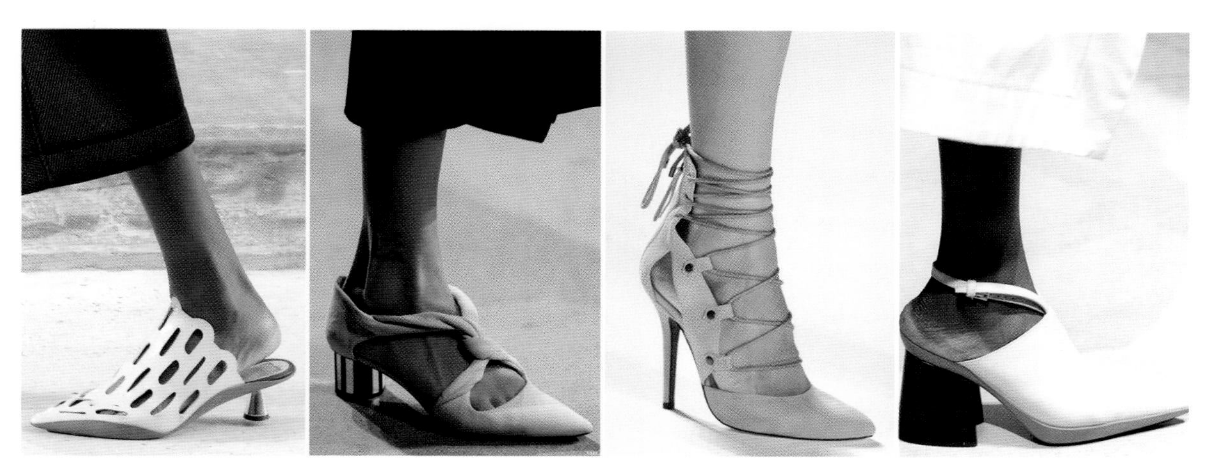

图4-6 半遮式

图 4-7 全遮式

图 4-8 运动式

图 4-9 休闲式

2. 鞋筒的设计

从鞋的结构来说，在脚踝以上的部分通常叫作鞋筒，按照鞋筒的高低可以分为矮筒靴、中筒靴、高筒靴，也可以称为：矮帮靴、中帮靴、高帮靴。有鞋筒的鞋有利于保暖和保护，一般适合于秋冬鞋款（图4-10）。

图 4-10 不同高低的鞋筒

3. 鞋底的设计

鞋与脚底接触的面称为鞋底，鞋底有：平底、坡底、高跟三种形式，鞋底设计一般与鞋跟造型相互关联，它们的造型主要依赖鞋楦的造型，在高度和鞋尖上变化，鞋尖的形式有：方头、尖头、圆头、前后起翘等，如果是高跟鞋，鞋跟单独设计。鞋跟通常有四种高度：1cm以下（平跟）、2~3.5cm（矮跟）、3.5~6cm（中跟）、7~10cm（高跟）。女式鞋跟高矮度及花样变化较丰富（图4-11）。

（四）鞋的装饰设计

用于鞋的装饰手法很多，特别是女式鞋靴，可谓琳琅满目，大致可以分为平面装饰和立体装饰。平面装饰即对鞋靴材料表面进行的装饰，主要有拼接、缉线、刺绣、分割、手绘、印花、镶边、镂空等形式。

立体装饰是指突出于鞋面之外的装饰手法，主要有编结、褶皱、花边、点缀装饰、悬缀装饰物、搭配人造石、搭配金属配件、搭配立体花饰、搭配羽毛或者毛皮配件等形式，使鞋靴发生立体造型上的变化（图4-12~图4-15）。

图 4-11 各式鞋底

图 4-12 人造石拼花装饰

图 4-13 浮雕装饰

图 4-14 立体画装饰的鞋

图 4-15 拼接装饰的鞋

二、袜子、手套的分类及设计

（一）袜子

袜子作为内穿的一种服饰品，首先要考虑它的实用性，所以袜子的造型变化不大，主要考虑合脚性及穿着舒适性。常见的袜子造型有：直筒袜（图4-16）、拇趾袜（拇趾与其他四趾分离，图4-17）、五趾袜（五个脚趾分别包裹，图4-17）、连裤袜（袜子和裤子连在一起，图4-18）。生活中最常见、最具有实用性的还是直筒袜。

袜子的配色根据年龄和性别不同而变化。一般适合男性、中老年人的袜子色彩较灰暗，适合女性与儿童的袜子其色彩往往较明亮、鲜艳。常见袜子的配色关系有：单一色搭配、同类色搭配、对比色搭配、无色系搭配、无色系搭配有色系等。纯粹的无色系

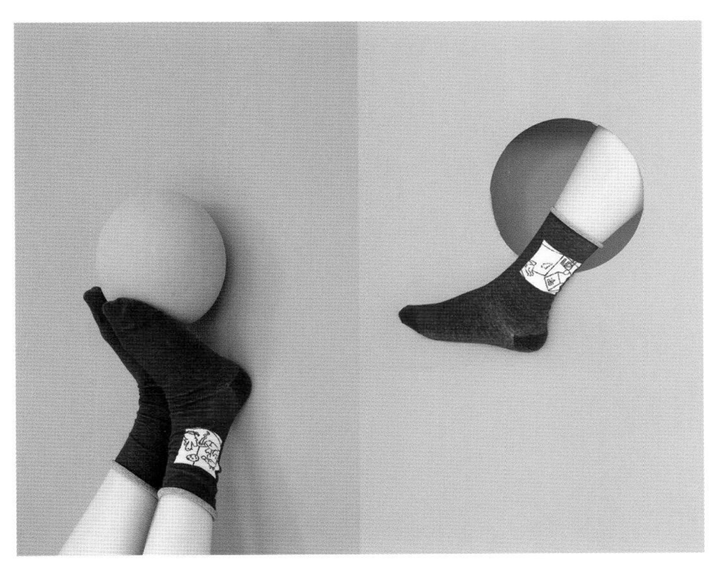

图 4-16 直筒袜

图 4-17 拇趾袜、五趾袜

图 4-18 连裤袜

搭配适合男式袜子、老年人袜子的配色。不饱和的单一色、不饱和的同类色搭配适合少女或者婴幼儿袜子。对比色、纯度较高的单一色、无色系搭配有色系，这些配色关系适合营造明快、亮丽的视觉效果，比较适合时尚感强的袜子配色。

袜子常见的装饰手法有：图案装饰、花边装饰、装饰物装饰。

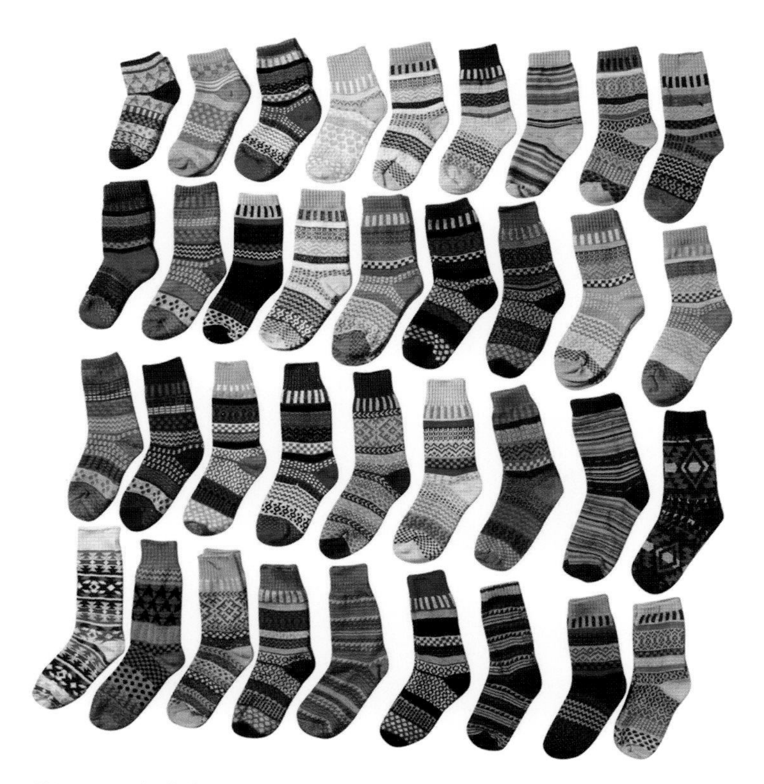

图 4-19　提花装饰

图案装饰：主要有针织图案、刺绣图案、印染图案等。现在的袜子一般多采用针织提花技术制作（图4-19）。针织袜子的图案设计比较难，设计这类袜子前首先要了解针织工艺技术的特点，图案花型受织造工艺的限制比较大；刺绣图案的袜子，图案设计比较简单，其制作一般是先织出坯袜，再用电脑绣花机绣上图案，这类图案受袜子织造工艺的限制较小；最后一类是印染图案的袜子，这类型的袜子也是先织出坯袜，然后在相应的部位把图案印染上去，图案设计一般不会受织造工艺的影响。

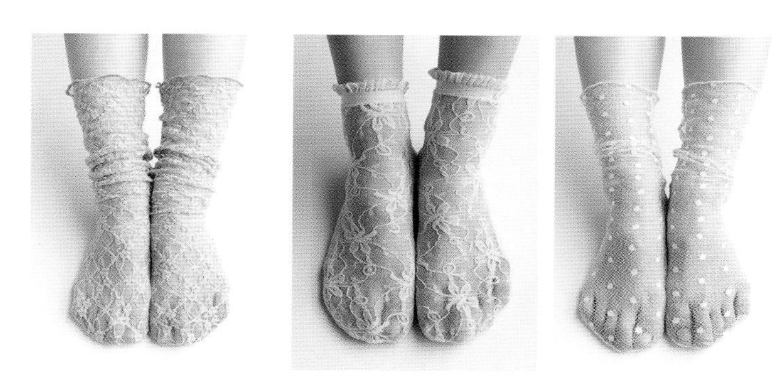

图 4-20　花边装饰的袜子

花边装饰：一般使用蕾丝材料、针织立体褶皱边、立体钩花花边等装饰在袜口位置。穿上鞋子后，装饰花边通常显露在鞋子外面。花边装饰还会配合珠子、绳带等装饰，适合儿童或者少女风格的袜子（图4-20）。

图 4-21　饰物装饰的袜子

饰物装饰件：一般使用立体的卡通玩偶装饰在袜口位置，穿上鞋子后，卡通形象显露在鞋子外面。常见的装饰玩偶有各种小动物造型、花朵造型、卡通人物造型、天使翅膀造型、尾巴造型等（图4-21）。

袜子常用的材料有：棉混纺、化纤混纺、黏胶纤维、竹纤维等。袜子基本上没有纯棉的，市场上标注全棉的袜子，实际上只有75%~80%的棉含量，这是因为棉没有弹性，且耐磨性较差，并不适合制作贴紧脚部的袜子。氨纶棉（氨纶与棉混纺）、锦纶棉（锦纶与棉混纺）、腈纶混纺（腈纶与其他材料混纺）、丙纶混纺（丙纶与棉、羊毛或腈纶混纺）这些混纺材料常用来制作袜子。

（二）手套

手套的造型比袜子造型要丰富一些，常见的手套分类为：有拇指的手套、五指手套、半截手套、机车手套、盖帽手套、长手套、中长手套、短手套、半掌手套等。手套因在造型上受限，所以设计点多在细节、装饰和材料上。不同类型的手套有其各自的特点，可以作为设计的基础依据。

拇指手套：又称连指手套，是指拇指单独分开，其余四个手指连在一起的手套造型。这种手套多为具有保护、保暖性能的手套，例如，东北地区为防止手部冻僵而带的手闷子就是这种手套（图4-22）。微波炉防烫伤手套也属于拇指手套。

图 4-22 拇指手套

五指手套：是指五个手指分别包裹的手套，这种手套一般材质比较轻薄，方便手指活动。常见的有毛线织成的五指手套、羊皮五指手套、薄呢料五指手套、蕾丝五指手套、劳动保护型五指手套等（图4-23）。

半截手套：半截手套是将手指一半包裹住的一种手套，有五个手指分别包裹的也有将拇指与其他四个手指分开的。这种手套比五指手套更方便手指的活动，特别适合手部运动较多的活动，例如学生写字适合戴这种手套，如果用羊皮制作的这种手套，则多呈中性风格（图4-24）。

图 4-23 五指手套

图 4-24　半截手套

机车手套：是指摩托车手或者赛车手用的专业型手套，以薄皮革或人造革制作，五指分别包裹，以黑色或比较鲜艳的色彩为主，上面多用纽钉装饰，保护性比较强（图4-25）。

盖帽手套：盖帽手套是在半截手套的基础上加了一个可以向后翻折的手套盖帽。需要保暖的时候可以将手套盖帽戴在手指上，需要手指活动的时候可以将手套盖帽取下翻折到手背上用扣子固定（图4-26）。

半掌手套：半掌手套是指手套的长度只从手指到手掌的一半，没有将整个手掌包裹。这种手套的装饰性比较强，酷感十足。

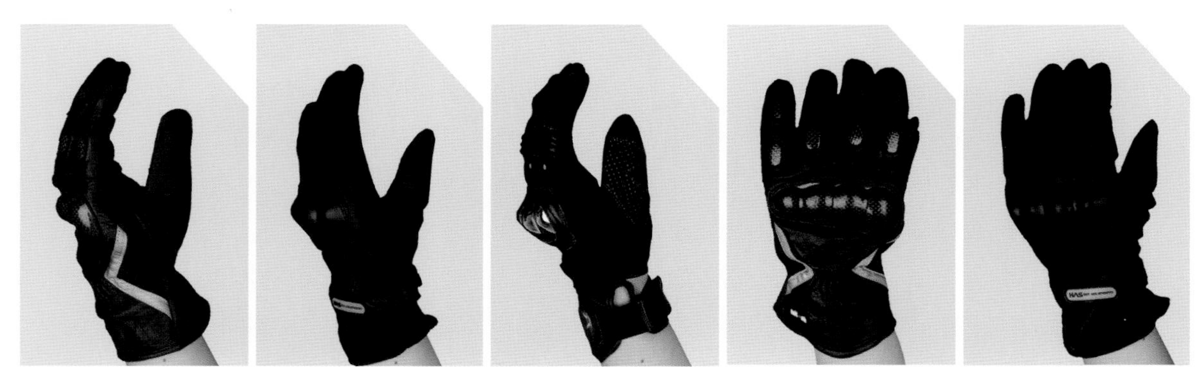

图 4-25　机车手套

长手套、中长手套、短手套：是指手套袖筒的不同长度。短手套袖筒长度到手腕位置；中长手套袖筒长度到接近手肘的位置（图4-27）；长手套是指袖筒长度长过肘部或者到达肩部的手套，这类手套如果是用薄面料制作，其装饰性大于实用性。

手套的装饰手法包括：图案、拼接、毛边饰边、立体花装饰、刺绣、镂空、金属配件、铆钉、拉链等。

图案装饰：一般设计在针织手套上，通过提花表现图案，这种图案的设计要充分考虑手套的织造工艺，图案设计受到织造工艺的限制（图4-28）。

立体饰物、蕾丝花边、花结：一般用在女式或者儿童手套上，在手腕和手背的位置设计装饰（图4-29、图4-30）。

皮毛饰边：通常设计在皮革手套、呢料手套和镂空花的手套上，皮毛饰边一般在手套的手背和手腕位置（图4-31）。

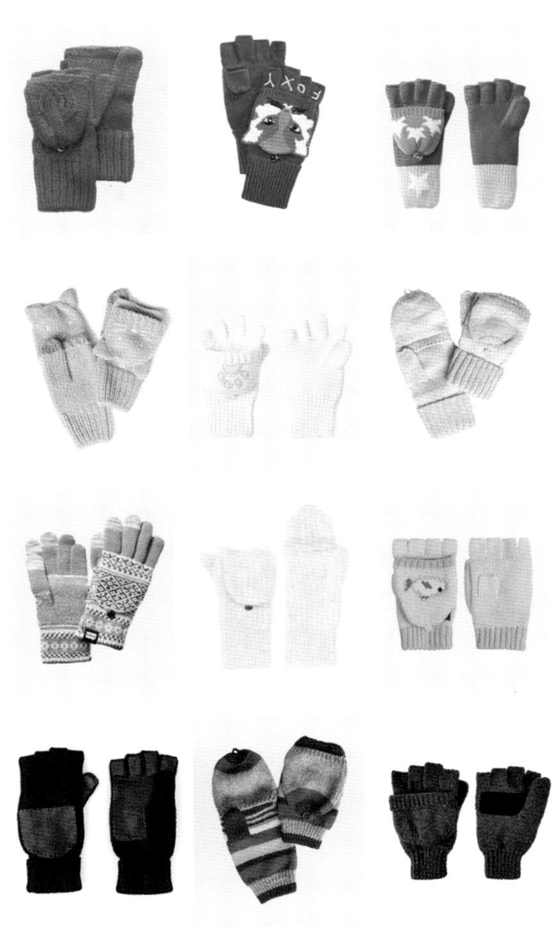

图4-26 盖帽手套

图4-27 中长手套

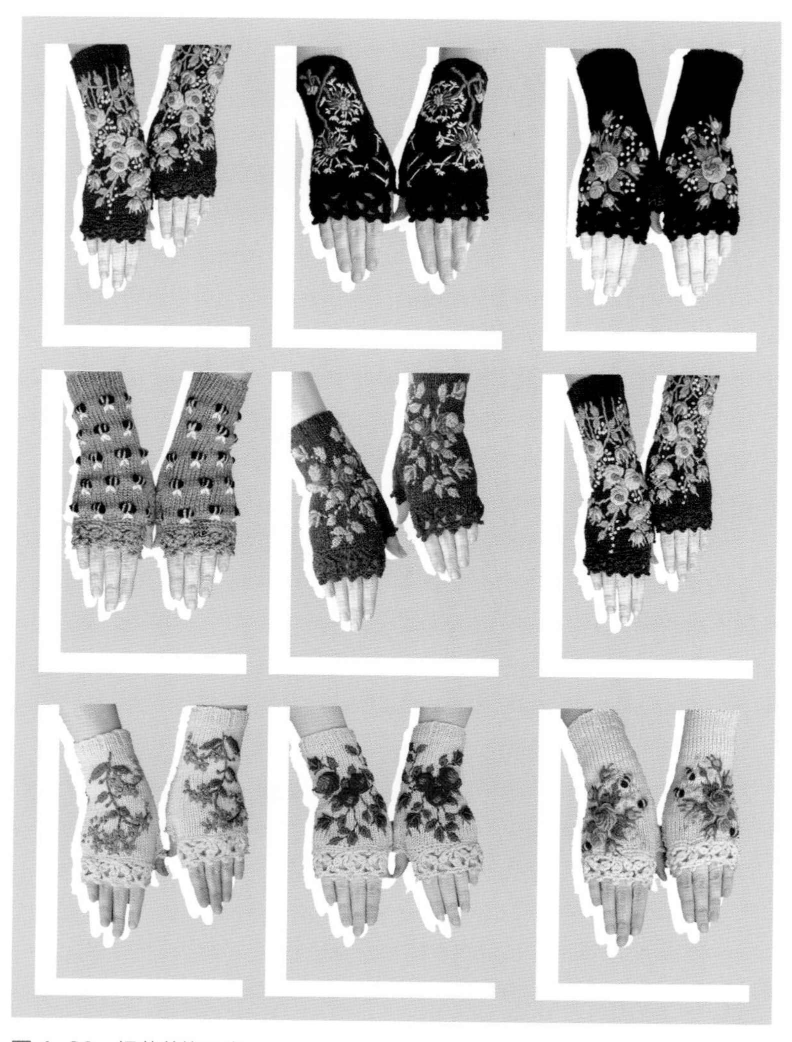

图 4-28 提花装饰手套

图 4-29 立体饰物装饰的手套

拼接装饰：通常用在皮革手套、针织手套、呢料手套上。将手套手指部分拼接，既有装饰功能又有实用功能，拼接手套在手指侧面使用的面料一般是伸缩性较好的面料，以便手指活动（图4-32）。

金属配件：多出现在手腕的位置，配合绳带设计。铆钉、拉链、锁链等装饰配件适合装饰皮革材质的手套，朋克造型的手套往往出现这类装饰配件。

手套常用的材料有：棉质蕾丝、莱卡蕾丝、腈纶线、纯毛线、羊绒毛线、人造皮革、动物皮革、纯羊毛呢料、羊绒呢、混纺呢、棉布、绒布等。

图 4-30 蕾丝花边装饰的手套

图 4-31　毛皮饰边手套

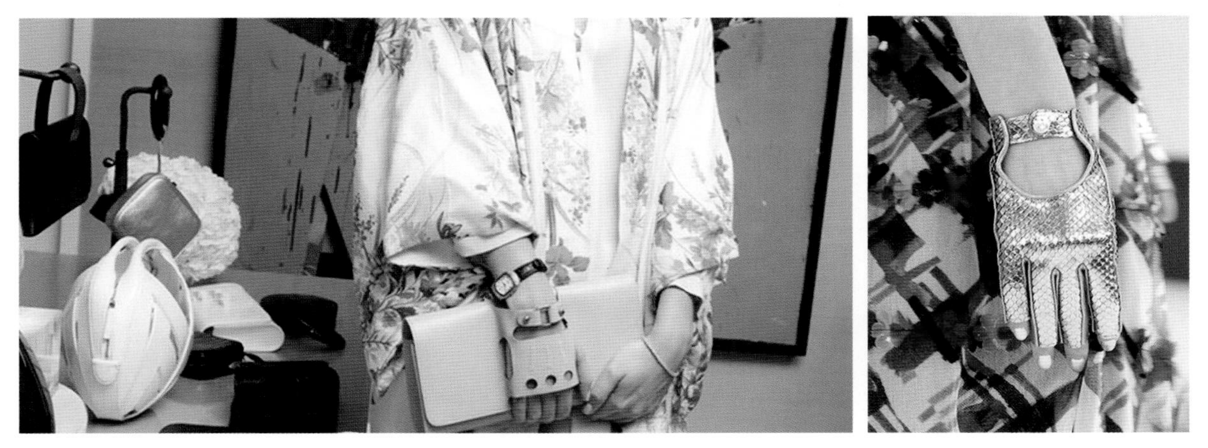

图 4-32　拼接手套

第三节 鞋、袜子、手套的制作

一、鞋的制作

（一）鞋的制作工具

鞋的制作工具包括做鞋纸样的工具和各种做鞋的专用机器。做鞋纸样的常用工具有：鞋楦、剪刀、圆规、打孔器、锥子、美纹纸、笔、绘图纸等（图4-33）。专用机器有：油压自动前帮机、油压自动后帮机、万用式油压压底机、后跟定型机、自动鞋面定型机、自动打钉装跟机、帮面蒸汽除皱机、平面油压裁断机、全自动鞋头后踵定型机、二工位冷热鞋口定型机。

手工做鞋纸样的工具仅介绍鞋楦（图4-34），其他做纸样的工具都是常用的绘图工具，不列图示说明。

鞋楦又称楦模，为不同长度脚的鞋模型，它是制作鞋纸样的依据。鞋楦是用木、塑料和金属制作的，木鞋楦轻而容易塑形，但是容易变形，特别是在一定温度、湿度影响下会膨胀或者收缩，耐久性较差。塑料鞋楦一般不受湿度、温度的影响，稳定性比较好。金属鞋楦一般是用铝做成的鞋楦，耐高温，主要用于胶鞋、塑料鞋的制作。

图4-33 鞋纸样的制作工具

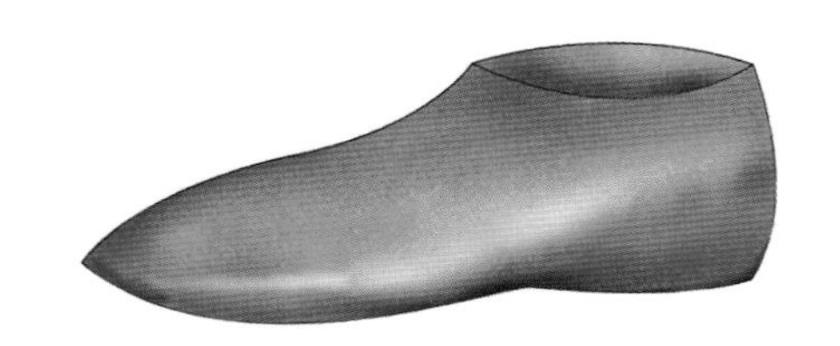

图 4-34 鞋楦

(二)鞋的基本制作方法

1. 鞋帮纸样的制作

制作鞋帮纸样，是以鞋楦为模型，用立体裁剪的方法将美纹纸贴在鞋楦上（这个过程称为贴楦），然后在鞋楦上画样（就是设计鞋的样式），取下裁剪好的纸样并加放松量，得到鞋帮纸样。下面分步介绍制作纸样的过程。

①**贴楦：**有两种方法，分别为整体鞋楦贴法（图4-35）和绞接弹簧楦贴法（图4-36）。

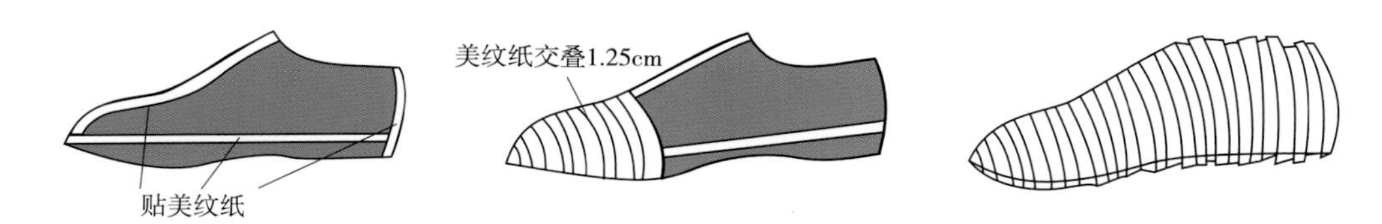

图 4-35 整体鞋楦贴法

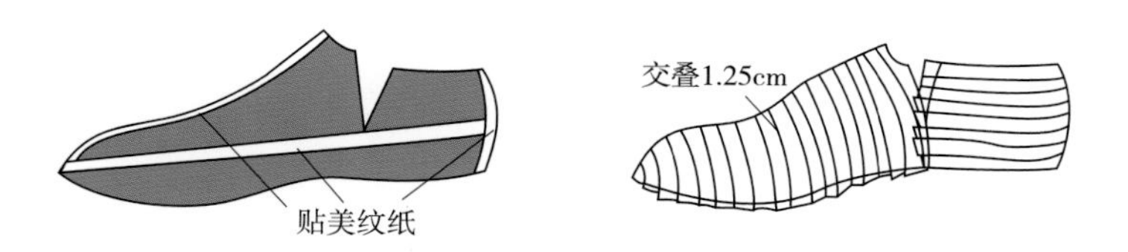

图 4-36 绞接弹簧楦贴法

②**切割：**切去贴在背中线、后弧线、底边沿线的美纹纸多余的纸边（图4-37）。

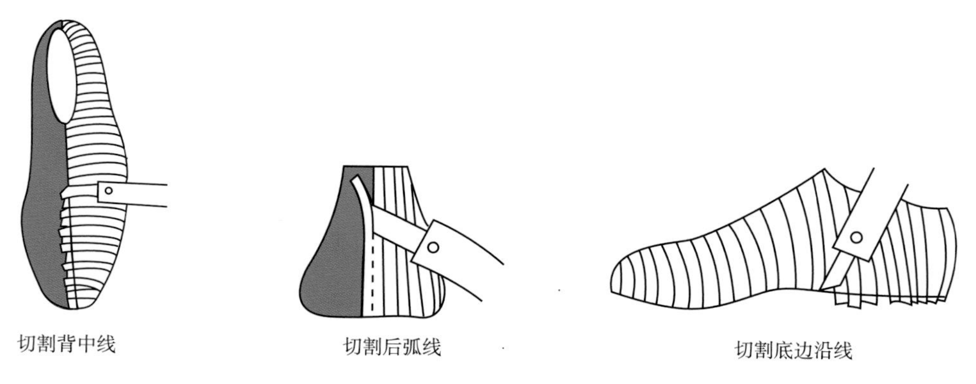

图 4-37 切割

③**定位：**按图4-38的位置对点进行定位。

④**鞋帮画样（图4-39）。**

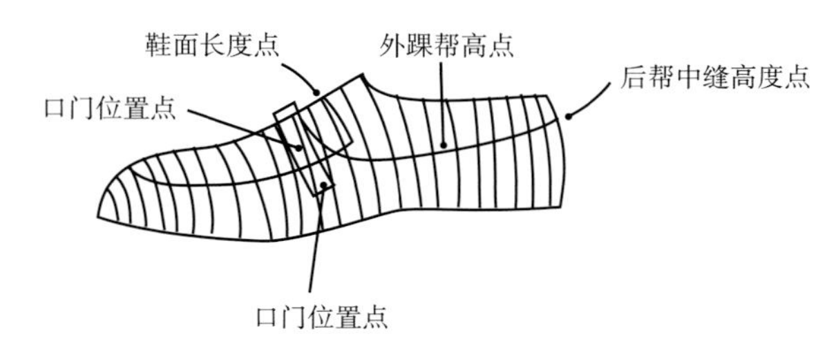

图4-38　定位

图4-39　鞋帮画样

⑤**取下纸样（图4-40）。**

⑥**展平纸样：**在鞋纸样前尖和后跟处剪牙口后再展平纸样，以此作为原始纸样（图4-41）。

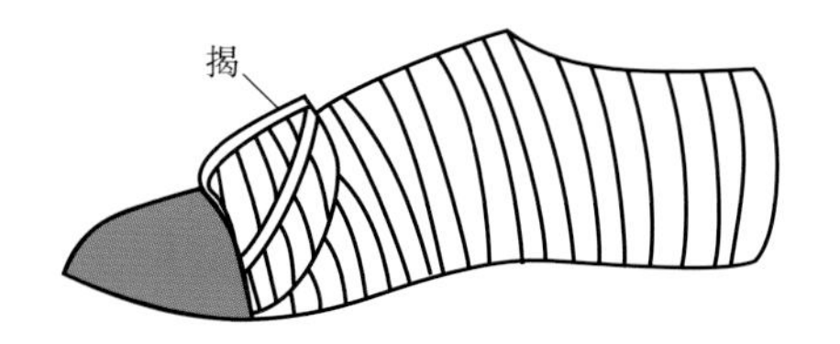

图4-40　取下纸样

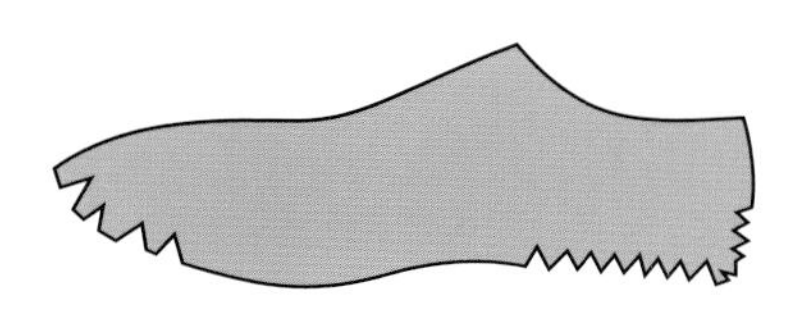

图4-41　展平纸样

⑦**放鞋帮余量：**取下鞋楦上的纸样，先放超出鞋帮纸样范围的余量，图4-42中处于鞋帮纸样范围内的虚线为收的量。

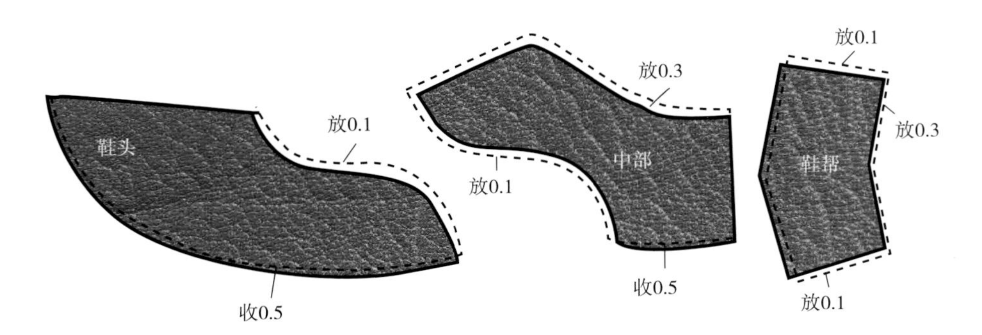

图4-42　放鞋帮余量

⑧**修正内外侧鞋帮线：**将图4-42所示放余量的纸样放在一张对折的纸上，中线对齐，进行修正。由于鞋帮的内外侧不对称，所以鞋帮的内外侧大小不同，图4-43中虚线为鞋帮内侧造型线，实线为鞋外侧的造型线。

⑨**画鞋帮里料纸样：**在鞋帮面纸样的基础上进行调整与修正，得到鞋帮里料纸样，用于裁剪鞋里料（图4-44）。

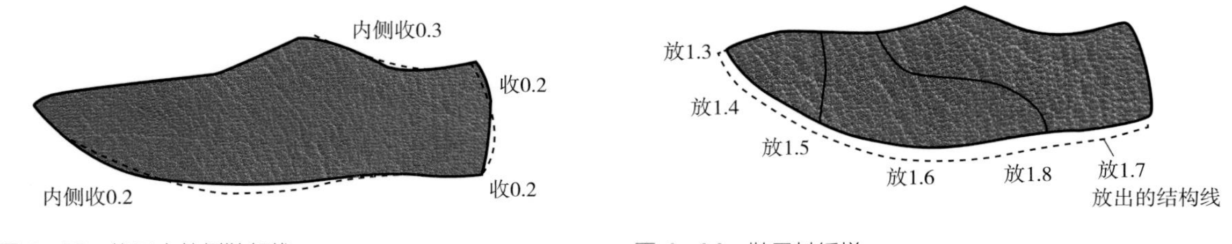

图 4-43 修正内外侧鞋帮线　　**图 4-44** 鞋里料纸样

2. 鞋帮的裁剪

鞋帮根据材料的不同对裁剪有不同的技术要求。例如，如果用纺织面料做鞋帮，要求对面料图案、纹理、条格进行对齐，并且左右脚纹路要对称裁剪。灯芯绒、平绒、皮毛等有光泽方向性的面料，左右脚鞋帮的光泽也应该保持一致，并且光泽的方向性最好符合脚的运动规律，符合人的视觉惯性。如果用皮革做鞋面，由于每块皮的光泽、颜色、纹理不完全相同，在裁剪皮革的时候一定要仔细观察比对，同时要避开皮革上的伤口、斑点等。

3. 鞋面的缝合方法

图4-45与图4-46介绍鞋面常用的几种缝合方法。图4-45是几种皮革的缝合方法，用于鞋不同部位的缝合，这些方法是鞋的常规缝合方法。图4-46中的每一种方法都可以用在鞋面有分割线的地方缝合。

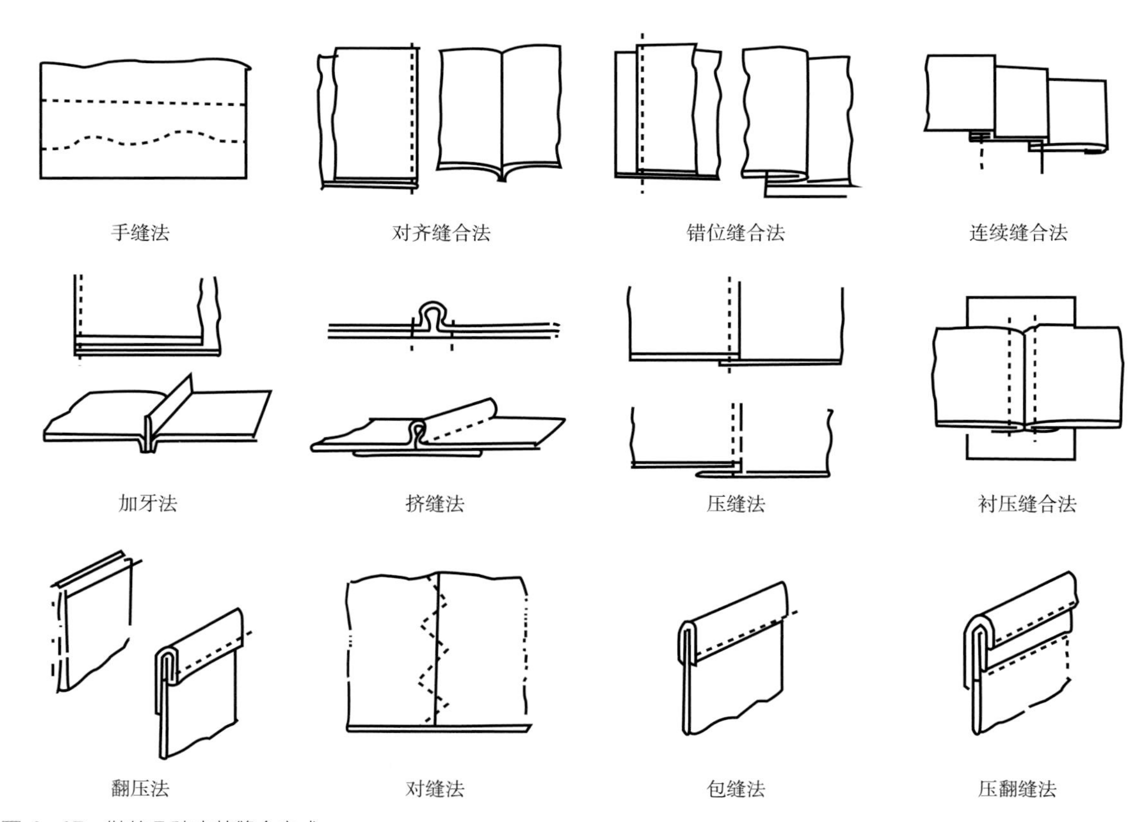

图 4-45 鞋的几种皮革缝合方式

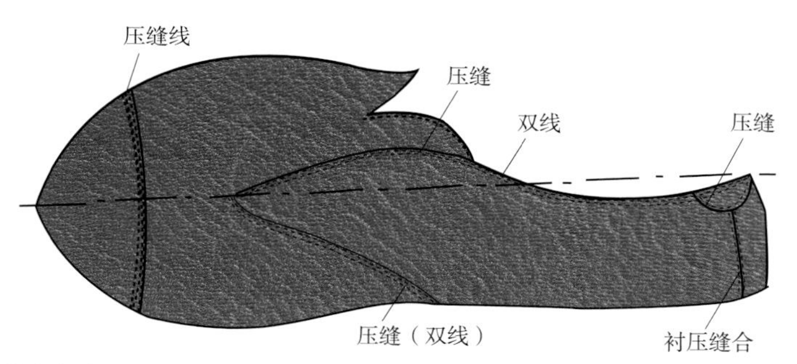

图 4-46 鞋面分割线的缝合方法

4. 鞋帮、鞋底的组合方法

表4-4所示是几种鞋帮与鞋底的组合方法。

表4-4 鞋帮、鞋底的组合方法

方法	特点	图示
反绱式 （California process）	反绱工艺是我国古代制鞋的传统工艺。受外来工业化制鞋技术的冲击，此法曾一度被淘汰。但是随着人们对鞋舒适感的追求，反绱式制鞋技术在近几年又重新受到制鞋业的关注	甲革 里革 内底 中底 缝线
透缝式 （Mckay process）	是一种把鞋帮、中底和外底通过鞋腔内穿透缝合的制作工艺。这种方法大约是1897年从德国引进了圆头机以后才普及的	鞋面 鞋里 透缝线 内底 中底 缝外线 外底
固特异沿条式 （Goodyear welt process）	美国的查尔斯·固特异爵士成功地开发了帮革与底革缝制结合的机械，在胶粘式出现以前，男鞋的大部分都是采用这种制作方法	帮革 里革 中物 内包头 中物 沿条 沿条 撕开 下线

续表

方法	特点	图示
胶黏式 （Stickiness process）	采用胶黏剂黏合鞋帮和鞋底，称为胶黏式。在鞋类的制作的历史上，这是从纯手工制作转变为机械制作的一个转折点	帮革 内包皮 里革 鞋垫 胶黏剂 外底 中物
硫化式 （Vulcanizing process）	英文字头的缩写为VP式，使用这种制鞋技术生产的鞋子又称硫化鞋。制作方法是将混炼胶冲压成型后，与鞋帮、鞋底粘合在一起，通过硫化罐硫化定型	铝楦 甲革 中底 胶底
压条式 （Stich-down process）	靠压条压住帮脚与外底缝合。凡采用压条压住帮脚或直接靠线迹压住帮脚与外底缝合的工艺均称为压条工艺	帮革 帮革 外底 外缝线

5. 鞋的制作过程

鞋一般以手工结合机器的方式进行制作，只是机器完成鞋制作部分的占比多少有所不同，图4-47、图4-48是常用的鞋制作过程。

①**贴楦：**用牛皮纸在鞋楦上贴楦制作鞋帮纸样。

②**设计鞋样式：**在贴好的纸样上设计鞋帮的样式。

③**画样：**设计好鞋帮样式后，用铅笔画一遍，确定鞋的样式。

④**打孔：**在鞋帮纸样上需要打孔的地方打孔。

⑤**排板：**将裁好的纸样在面料上排板。

⑥**画板：**在做鞋的面料上按纸样板画面料板。

⑦**校板：**用纸样板型校对面料上画的鞋帮各部位纸样。

⑧**裁板：**校对好纸样后进行裁剪。

⑨**削边：**用铲刀手工削边。

⑩**校对：**用纸样板与面料板校对一下。

⑪**锤打边沿：**用榔头锤打鞋帮各部位边沿，目的是压紧边沿面料。

⑫**缝鞋帮：**用电机缝合鞋帮。

⑬**鞋帮待用：**鞋帮缝合好放在一旁待用。

⑭**画鞋沿条：**设计好鞋沿条，然后画沿条板型。

⑮**切割沿条：**用手工刀按板型样切割沿条。

⑯**鞋底芯削边：**裁好的鞋底芯在削边机上削边。

⑰**鞋底芯完成：**将完成的鞋底芯放在一旁待用。

⑱**绷鞋帮尖、鞋腰窝、鞋后跟：**将缝合好的鞋帮放在鞋楦上，绷紧鞋帮尖、鞋腰窝、鞋后跟。

⑲**组合鞋帮、鞋底芯、鞋沿条：**用手工针法将鞋帮、鞋底芯、鞋沿条组合在一起。

⑳**上底：**用手工针法或者机器给鞋绱底，绱好底的鞋即制作完成。

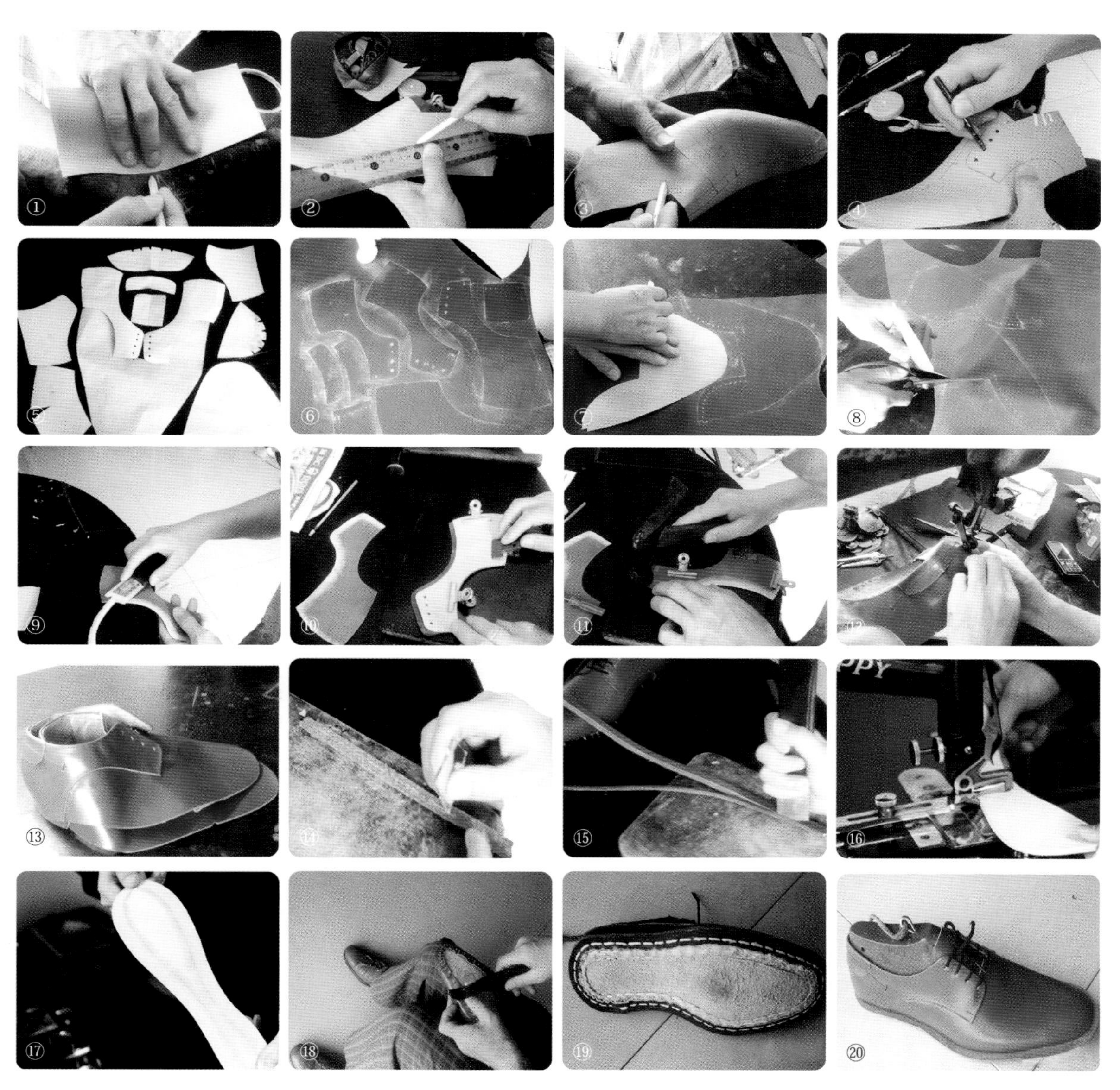

图 4-47 男士鞋制作过程

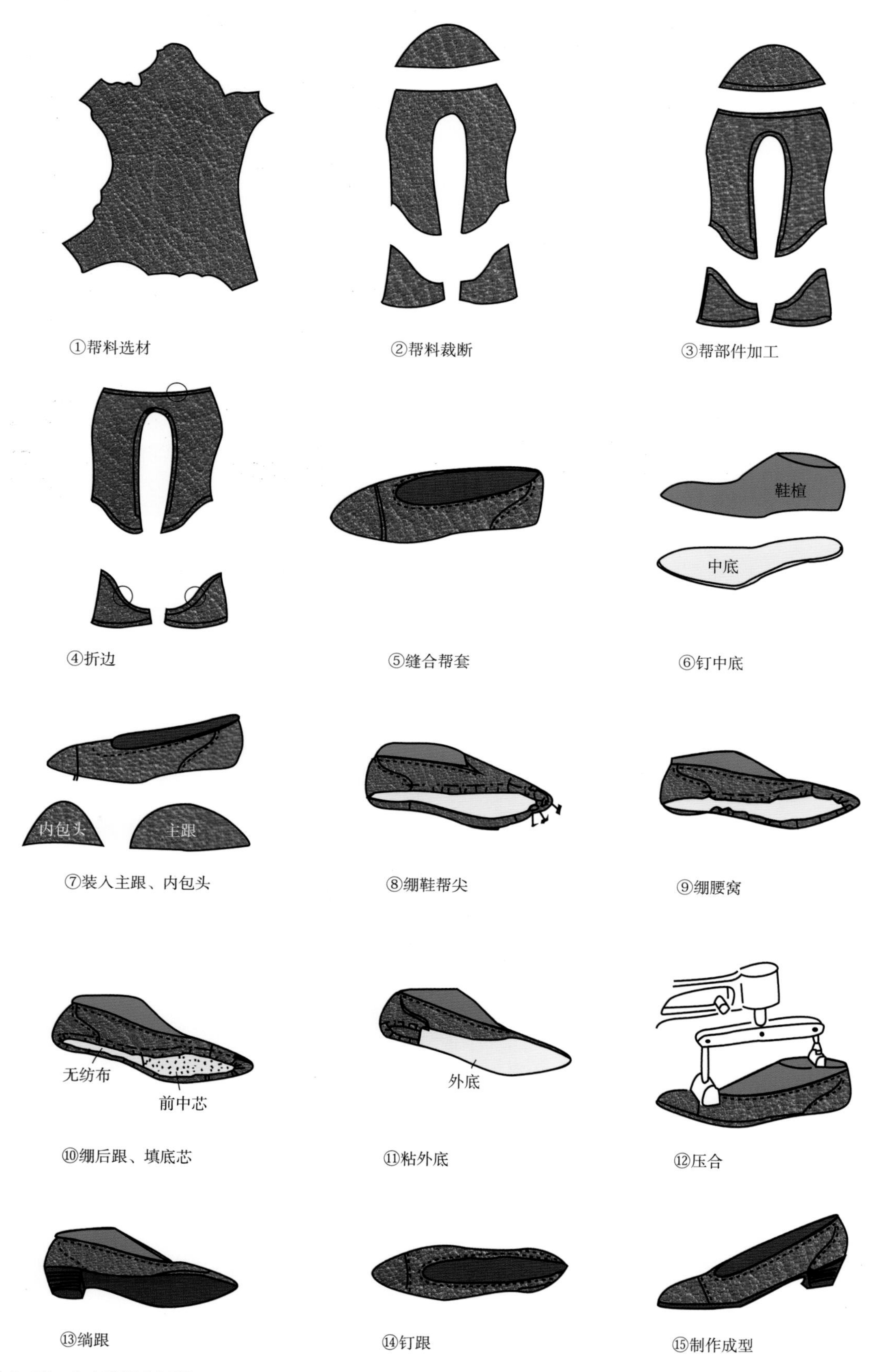

图 4-48　女士鞋制作过程

二、袜子、手套的制作

制作袜子、手套基本使用针织技术完成。针织物的特点：弹性好、易贴体、穿脱方便。针织操作分为手工和机织两种。以手工为例介绍袜子、手套的制作工艺。

（一）袜子、手套的制作工具

手工编织袜子、手套的工具有：常用的缝纫工具，与第三章中图3-14中的工具一样，这里不再说明，另外还需要编织工具：棒针、线、镊子、锥子、钩针、线剪、别针（记号扣，用来标记行数和针数）、剪刀（图4-49）。

图4-49 手工编织袜子、手套的工具

（二）袜子、手套的编织方法

手工制作袜子、手套的工具准备好以后，就可以学习袜子、手套的编织方法了，从三个方面进行介绍：罗纹针手工编织方法；基础编织针法及编织符号；编织手套、袜子示例简图。

1. 罗纹针手工编织方法（图4-50）

①留出所要编织宽度3倍长的线头

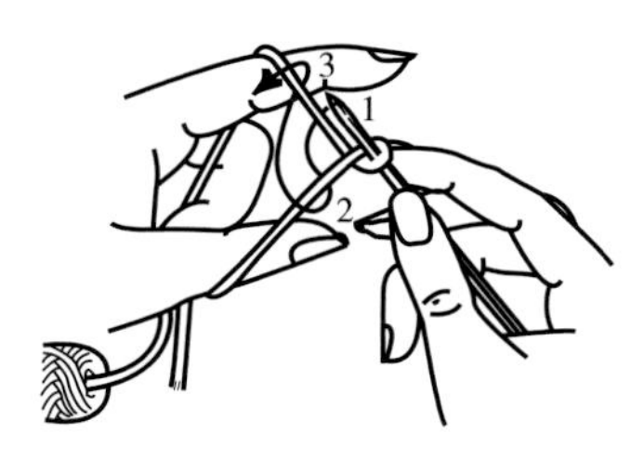

②右手用棒针按箭头挑针

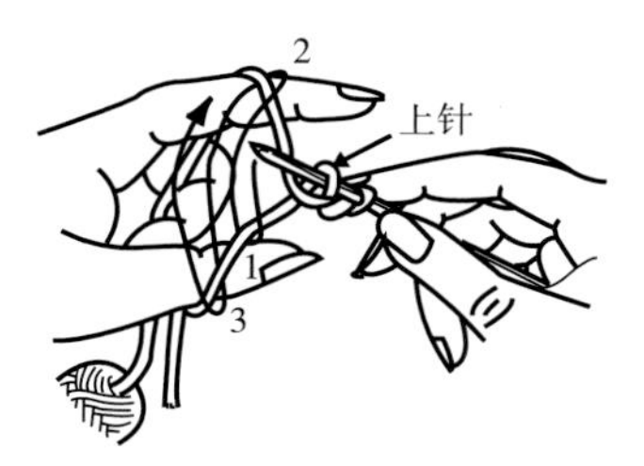

③按箭头挑1针，完成2、3针

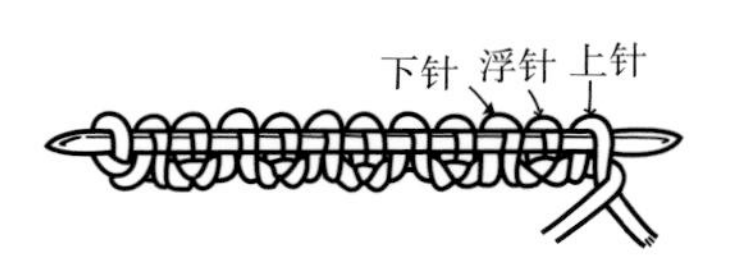

④重复步骤①~③，完成第1段

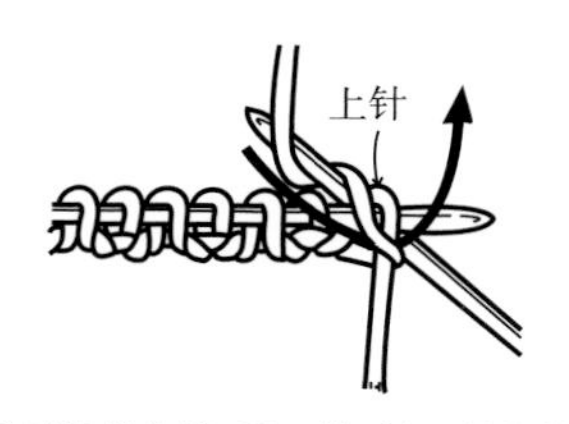

⑤开始编织第2段，第1针上针按箭头编织

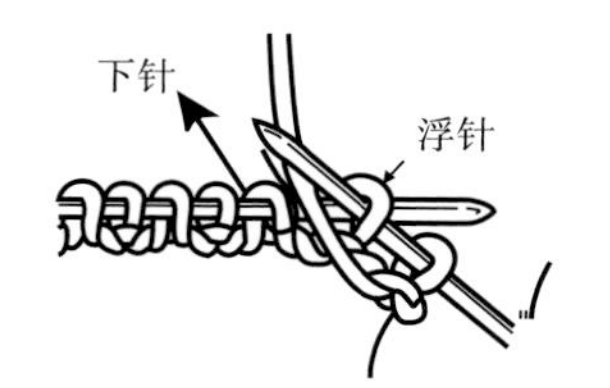

⑥第2针浮针挑过不织，第3段下针按箭头编织

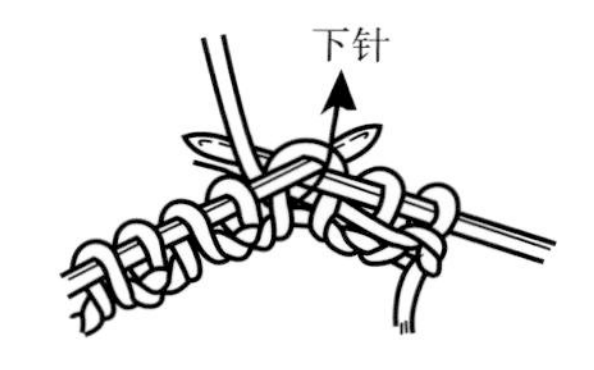

⑦重复步骤⑤、⑥，继续编织

⑧最后针为浮针

⑨下一行先织第1针下针

图 4-50 手起罗纹针的方法

2. 基础编织针法及编织符号（图4-51）

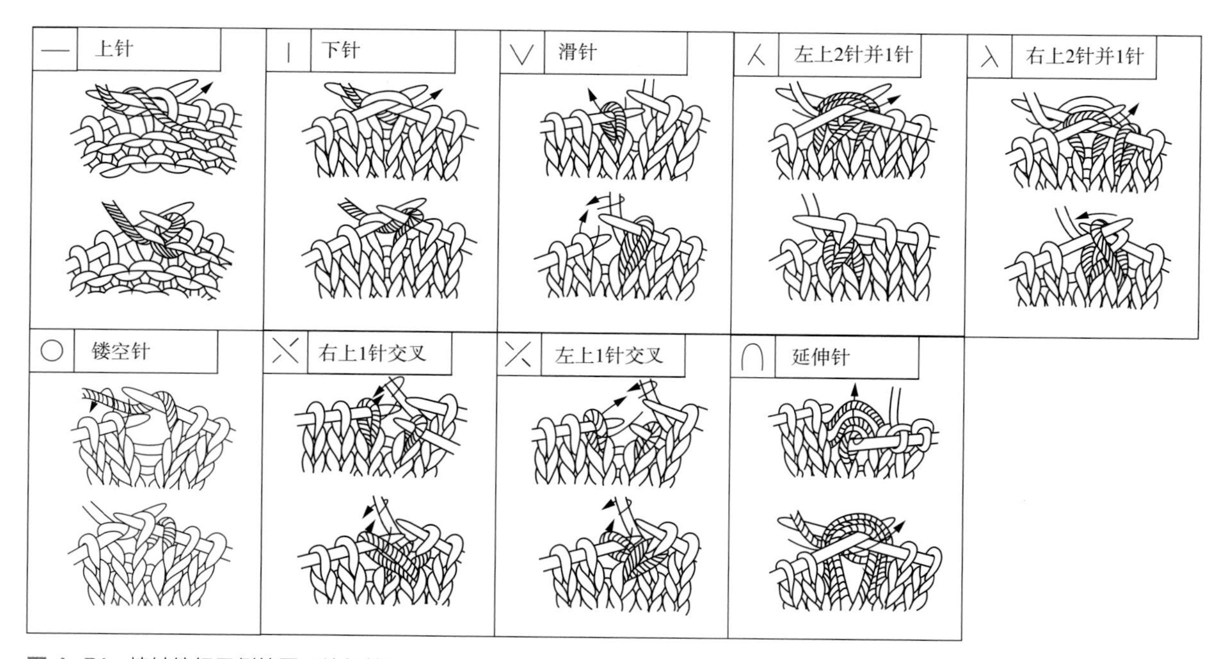

图 4-51 棒针编织示例简图及编织符号

3. 编织手套、袜子示例简图（图4-52、图4-53）

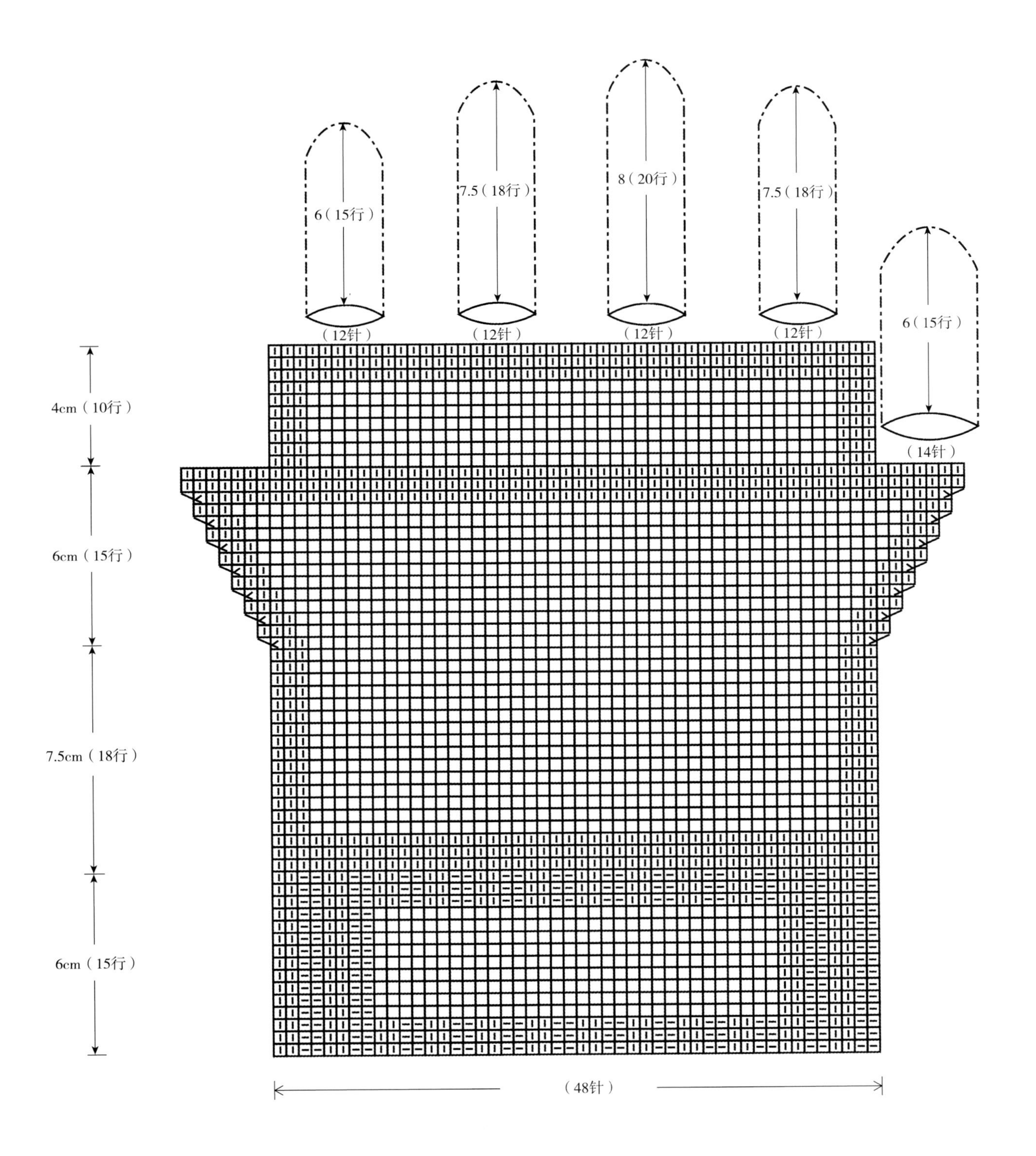

图4-52 手套编织示例简图

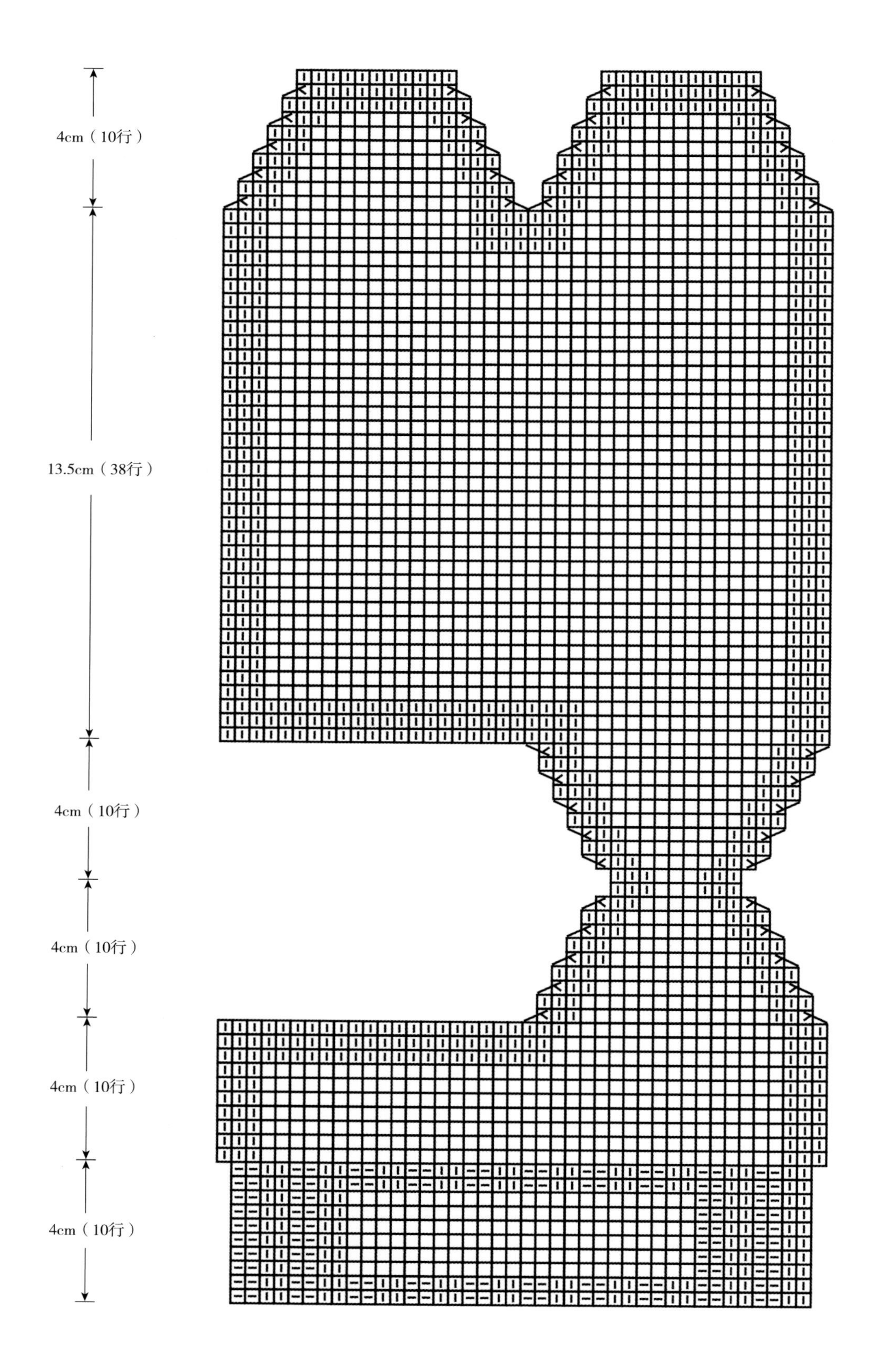

图 4-53 袜子编织示例简图

第五章　带饰、花饰的设计

带饰与花饰属于服饰配件。其中，带饰用于服饰不同部位的带状饰品，可分实用类和装饰类两大类型。从原始部落人们的服饰中能够发现，他们并没有衣物，但却少不了系在身上的饰物。当服装产生后，人们又用带饰来固定服装，使服装不会脱落散开，说明带饰既具有实用功能又有装饰作用。带饰中，腰带占有举足轻重的地位。

第一节 我国古代腰带造型

我国古代的腰带可分两大类：带和丝绦（表5-1）。带是皮革材质，丝绦是用丝帛制作而成。缀在带饰首部（头部）的固定装置，分为两种形制，一种做成钩状，称为钩，也称带钩；另一种做成环状，称带镉。

表5-1 我国古代腰带造型简表

式样	说明
金镂带	金镂带最初为西域人使用，秦汉时期传入中原，汉族也开始使用。这种腰带一般为皮革制作，装有金属搭扣（又称为带钩），上面缀有一种金属做的牌饰。这种装有镂空牌饰的革带，在魏晋南北朝期间，被称“金镂带”
蹀躞带	蹀躞［dié xiè］带由金镂带演变而来，蹀躞带与金镂带的区别主要在饰牌上。金镂带的牌饰，一般就是装饰；而蹀躞带上的牌饰，有一定的实用价值，饰牌的下端连着绞链，绞链上衔接着一个金属铸成的小环，用来系挂佩刀、剑等，尚武之人非常喜欢这种腰带。蹀躞带发展到后来形成了一种制度，不论文武官员都要束这种腰带，腰带上挂的东西多达七种，称为“蹀躞七事”
金带	唐宋以后，开始用金带，就是在革带上附上用黄金做成的牌饰，一般为达官贵人等社会上层人士使用
玉带	玉带与金带出现的时间相同，也是在唐宋时期，两者的不同之处在于玉带是在革带上装饰用玉做成的饰牌，一般为社会地位较高或者文人使用。中国有“黄金有价玉无价”的说法，玉象征着君子、纯洁以及刚正不阿的品行
带钩	带钩是古代贵族和文人武士所系腰带的挂钩，古又称“犀比”，后来装饰作用逐渐增大。多用青铜铸造，也有用黄金、白银、铁、玉等制成。带钩起源于西周，从战国晚期开始，带钩进入鼎盛时期广为流行

第二节 带饰与服装的关系

带饰作为服装配饰系于服装的不同部位，可分为胸带、腰带、臀带、吊带等类型。

胸带：系于胸部位置的带饰，一般指从服装的腰线到胸部位置系的带子。现在有些晚装，在胸线处也用带子装饰。胸带的色彩、材料一般与上装相配，与上装材料一致的情况较多，也有与上装材料不一致的情况，形成对比美。

腰带：是系于腰部的带饰，装饰功能和实用功能并存，包括腰带、皮带、腰链（图5-1）。实用性的腰带一般用在裤装上。上衣使用的腰带，既有装饰性又有实用性，包括：上装腰带、大衣腰带、风衣腰带、便装腰带。装饰性腰带可以与晚装、休闲装搭配，有些休闲裤也装饰腰带，或配其他材料制作的装饰带或链。腰带在服饰搭配中是整体服饰风格的一部分，与服装的色彩风格一致。

图5-1 腰带

臀带：是指位于臀围线以上、腰围线以下的带饰，多用于上衣或下装外面，起到装饰作用，也是服饰中很重要的配件。臀带与晚装、休闲装、正装搭配的情况都有，搭配重点是与服装的风格一致，形成整体的效果。

吊带：即吊裤带、吊袜带。吊裤带、吊袜带是避免裤子和长筒袜下滑的一种带子，以实用为主。吊裤带属于特殊用途的带饰，以实用性为主进行设计，主要针对不系腰带、裤腰过大，为防止裤子滑落而设计的带子，具有一定的装饰性（图5-2）。吊袜带则是防止长筒袜下滑的一种带子。这类带子一般都是以夹扣或别扣的结构和长筒袜进行连接。材料一般选用弹性材料，穿着者可根据自身的体型和穿着习惯进行松紧和长短的调节，具有很强的装饰性，属于内衣的一种。

图5-2 吊裤带

第三节 腰带的分类及设计要点

腰带造型多为窄长型，一般宽为2～12cm，长度比腰围长10～20cm。腰带的构造方式可分为：常规腰带、宽版腰带、窄版腰带、编织腰带、双层腰带、链条构成。

腰带设计主要指腰带的造型设计、色彩设计、材料选择和装饰设计。腰带设计的最终目的是提升服装整体造型效果。

一、腰带的分类及设计（图5-3）

常规腰带：多指与服装面料一致或只采用一种材料，并无任何装饰的腰带，此类腰带宽度在3～5cm，一般无装饰，一端设计带扣，另一端钉有几个孔或无孔，这类腰带的外观简洁，只在宽窄上进行设计，宽窄不同形成强与弱的感觉，主要用于风衣、外套、猎装、大衣、短大衣、休闲裤，既起装饰作用，又能束紧服装。

宽板腰带：腰带宽度为5～12cm，也称宽腰带，宽腰带基本形式是一端有带扣，带扣的样式很多，根据产品风格来定，另一端设计有孔或无孔。这类腰带也有与服装紧密结合的，两端头无带扣。由于此类腰带宽，所以装饰作用较大。

窄板腰带：宽度一般在2cm左右，这类腰带较窄，因此表面附装饰物的情况较少，变化多在带扣上，由于腰带较窄，也可以随意绕结而产生特殊效果。

编织腰带：指用绳、布带、皮革条、藤条等材料编织的腰带。编织腰带一般不附加装饰物，因为编织品本来就带纹理效果，多在编织方法与色彩上追求新意与变化。

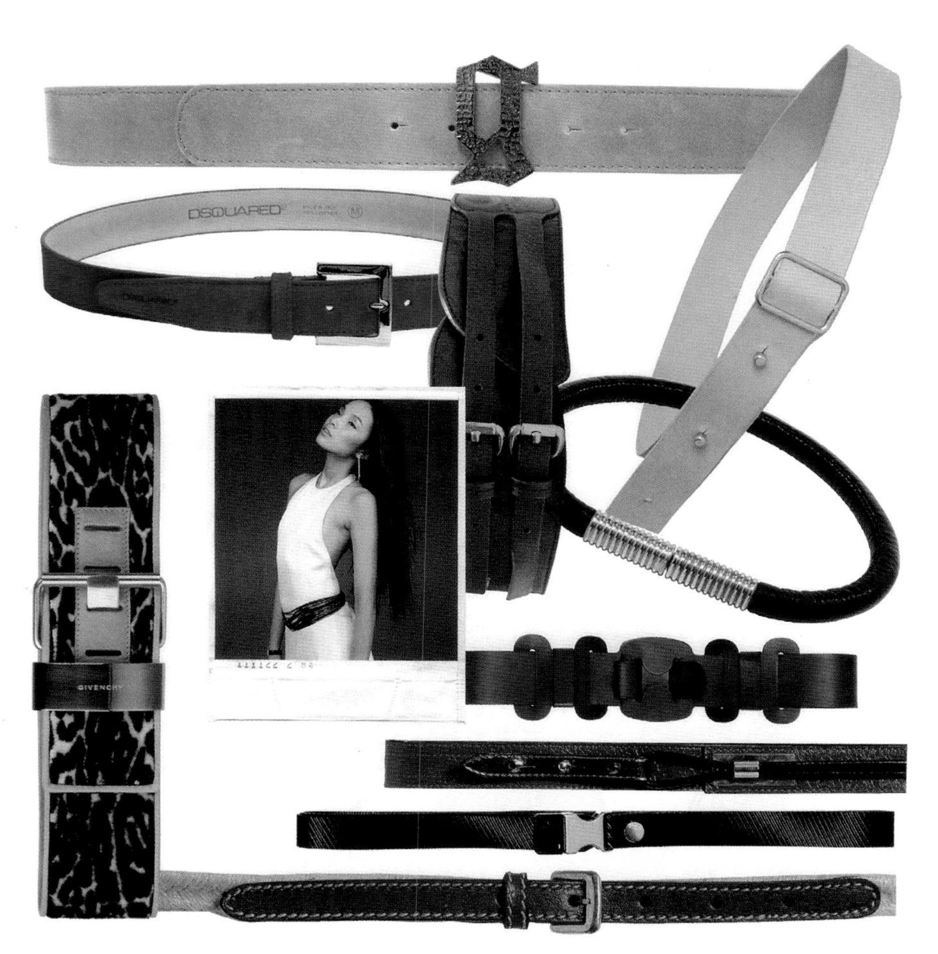

图 5-3 各式腰带

链条腰带：链条腰带主要由各种金属链条组合而成，它的特点是垂感强，可随身摆动。这类腰带的设计主要考虑链条与链条的组合形式，链条与其他金属饰物的组合等，其中后一种组合方式显得效果更加丰富。另外，链条还常用在胸带、腰带、臀带的设计上，常在狂欢节中使用。

双层腰带：比一般腰带多一层，所以显得层次丰富。这类腰带可以用两条窄腰带组成，也可以在一条宽腰带外附加一条窄腰带，形成双层效果，也有用两层皮革条做成双层流苏效果以达到装饰作用，可以形成各种式样的腰带、腰饰。

二、腰带的材料选择

腰带的材料一般采用皮革、PU皮、PVC、纺织材料、金属链、藤条、绳子等（图5-4）。腰带常用的颜色有黑、白、咖、红色，此外，根据当季服饰品流行色，可以选择不同颜色和材料的搭配，设计出不同风格的腰带。设计师在设计腰带时除了注意颜色和材料搭配的协调性外，还可以提取与服装颜色、材料或风格相匹配的元素进行设计，以达到某类风格的服装整体系列感。腰带可以是某类风格的系列设计，也可以是单品设计。

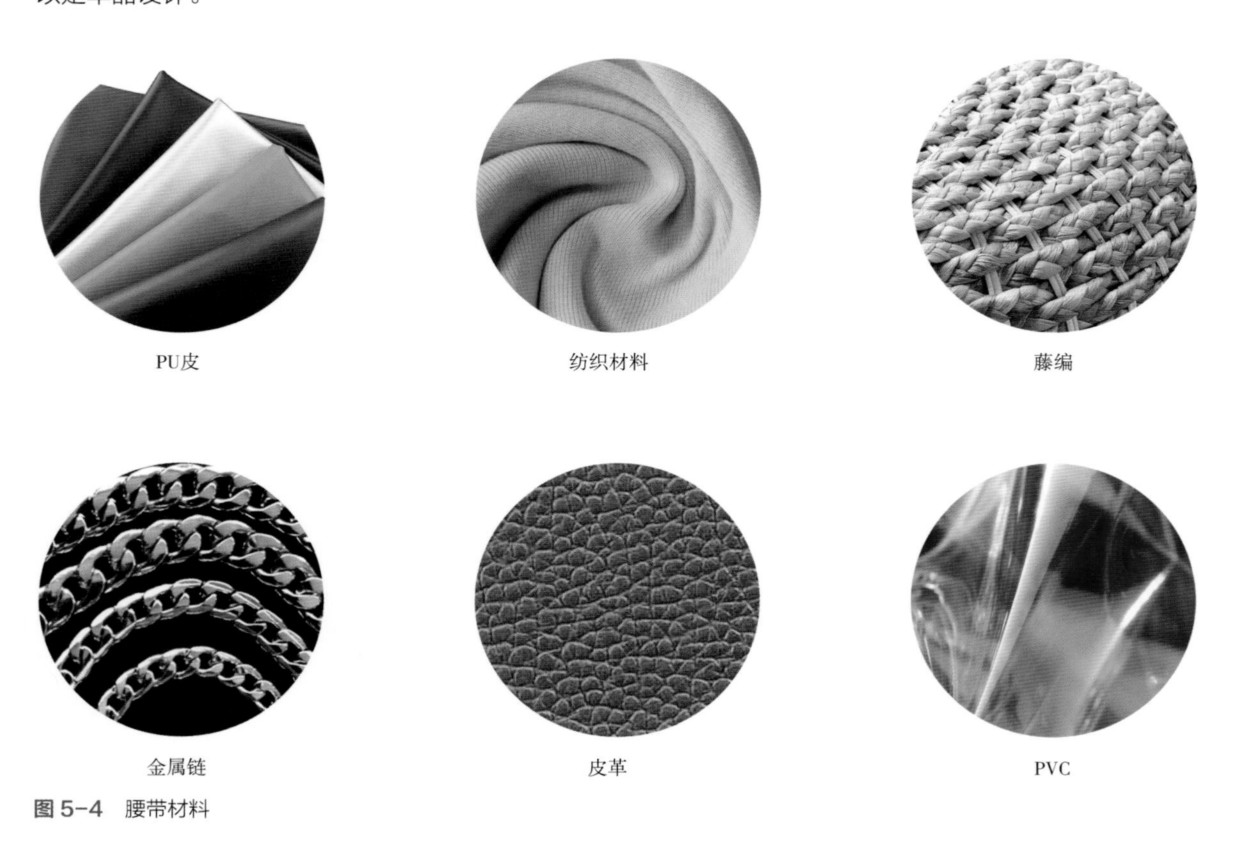

PU皮　纺织材料　藤编

金属链　皮革　PVC

图5-4　腰带材料

第四节　腰带的制作

腰带的制作与材料有关，一般来说，皮革、纺织材料腰带的制作方法相似，塑料、金属链条、绳编腰带的制作方法各异，但制作工具基本相似，下面具体进行介绍。

一、皮革、纺织品腰带的制作工具

皮革、纺织品腰带的制作工具是指打板、裁剪所用的工具，与第二章图2-21、第三章图3-14所示的工具相同，接下来进行具体介绍。

笔、尺子：用来画腰带纸板的绘图工具。

锥子：机缝时用来按住皮革尖端的部分，或者在打孔时用来做记号。

剪纸剪刀：小剪刀是修剪皮革以及线头的工具。

布剪：用于裁布的剪刀。

铁剪：用于剪金属材料。

熨斗：熨布烫衬。

皮革制作工具：参考第二章图2-21。

二、纺织品腰带的制作方法

皮革腰带与纺织品腰带在制作上的区别是：皮革腰带可以直接在表面缉明线，而纺织品腰带则不常用，一般是缝合面料反面，再将其翻向正面，除这点外，其他方法是一样的（图5-5）。

三、坠饰品皮革腰带的制作方法

在皮革腰带上坠饰品是腰带设计的常用手法，将缝制好的皮革腰带，确定坠装饰物放的位置，然后开孔，使用对应安装工具进行安装（图5-6）。

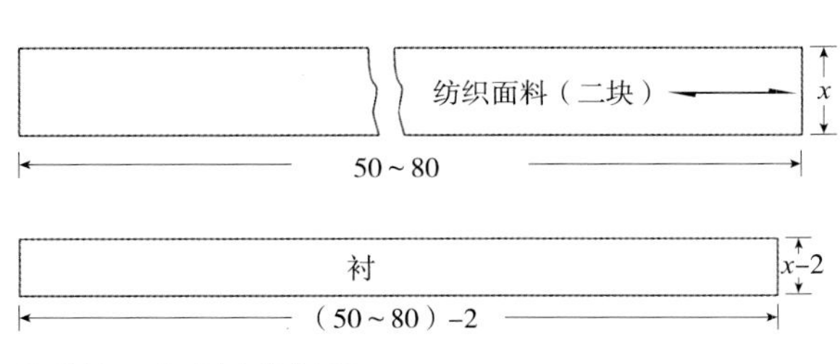

①裁里、面、衬（黏合衬）

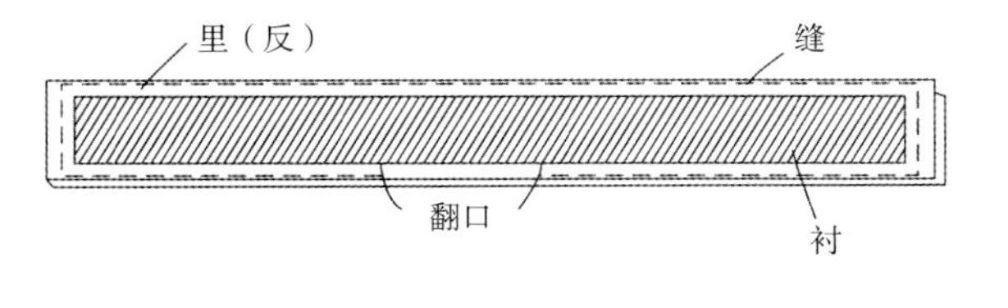

②在面料反面缝合，留翻口，以便翻出正面

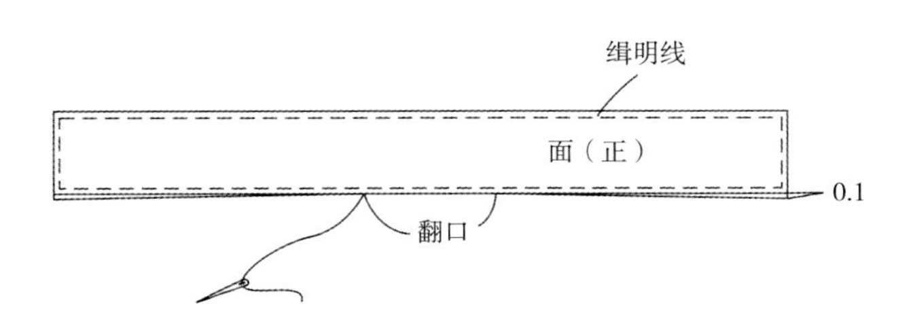

③翻出正面，用手针缝合翻口，在正面缉明线

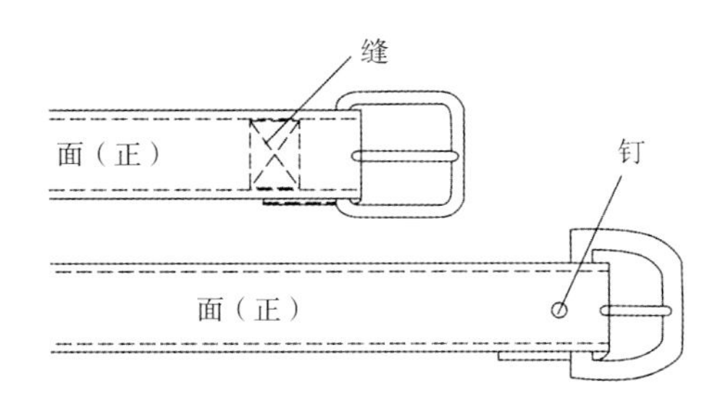

④带扣安装用缝纫法和钉钉子两种方法均可

图5-5　纺织品腰带的制作方法

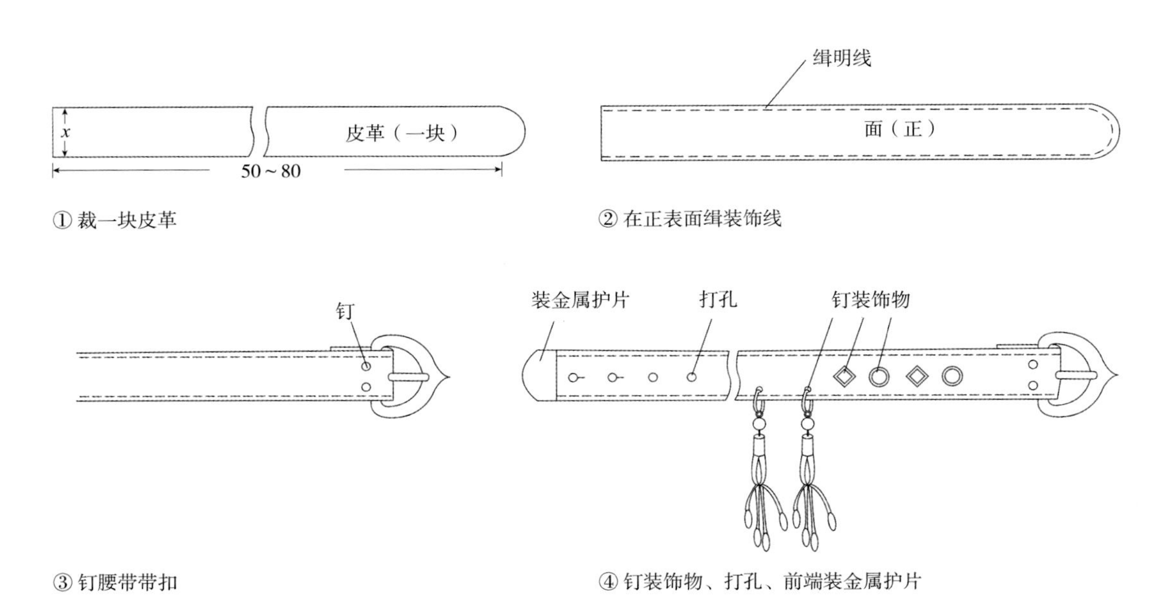

图5-6 坠饰品皮革腰带的制作方法

四、编织腰带的制作方法

图5-7介绍的是两头不剪断的编织腰带的基本编织方法。

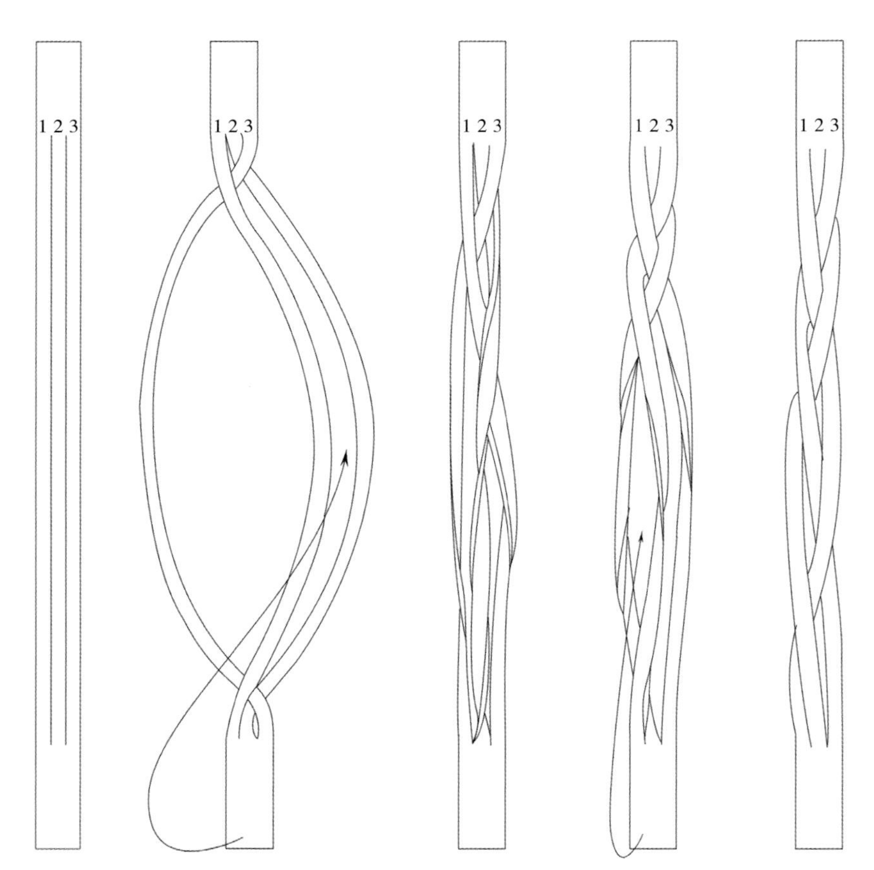

图 5-7 编织腰带

第五节 花饰、花结在服饰上的运用及制作

花饰、花结是用各类纺织面料、皮革、线绳等材料，依照自然花卉造型制作的人造立体花。花饰在服饰中运用广泛，从头饰、帽饰到胸饰、手饰、腰饰、足饰、鞋饰等都可用其作装饰，特别是晚礼服、帽子、包袋、腰带、头饰等用花饰、花结来点缀，很讲究，它们能表现女性的优雅与柔美，所以在女装、女用服饰品中使用最多。

一、花饰、花结在服饰中的运用

（一）花饰、花结在古代服饰中的运用

采集自然花草并用来装饰人体体现了人类对美的追求。想想原始人群，把自然界随处可见的花草系在自己的头、腰、手、脚等处，或做成花环戴在头上、脖子上，这种行为从未间断过。我国唐代妇女最著名的一种头饰花冠就是用鲜花插在发髻上（图5-8），还有一种唐代的凤冠也是用银或其他材料制作的花插在头发或假发上，一直沿用至明、清。清代宫廷满族妇女戴的帽子也有立体花装点。簪花，是汉代出现的用鲜花装饰的一种发饰。宋代以后，称作金钿的花饰，就是一种用金、银、铜等材料制作的假花头饰，曾流行于唐代。

图 5-8 我国唐代妇女花冠

（二）花饰、花结在现代服饰中的运用

尽管人们喜爱花饰、花结给服饰增添的独特魅力，但由于时代的变化，人们的生活、工作节奏变快，并且女性参加工作，繁文缛节的服饰给生活工作带来不便，所以20世纪欧美开始的女装革命，使女性穿上了裤装，日常裙装也不再像19世纪那样拥有太多的装饰花结，而是一改拖地大裙摆，成为简洁的裙装，只在胸部、裙等上有很少的花饰作点缀。

1. 花饰、花结在服装中的运用

用在服装上的花饰、花结，一般装饰在服装的袖部、胸前、腰间、肩部、裙摆等部位。花饰、花结的造型、色彩、材料与服装是一个整体，可以用与服装一致的面料制作，也可有所不同，但应与服装设计同时进行，作为服装造型设计的一部分。带花饰、花结的服装有：礼服、晚装、童装、节日服装、舞台服装、高级女装等（图5-9）。

图 5-9 用在服装上的花饰、花结

2. 花饰、花结在配饰中的运用

用于头部、帽子、花环、包袋、鞋上的花饰、花结，形式多种多样，色彩、材料丰富，变化多样。配在帽子、包袋上的花饰、花结，一般采用与帽子、包袋谐调的色彩或相同的面料设计。头饰、花环的色彩设计，有独立完整的色彩搭配即可（图5-10～图5-12）。

图 5-10 用在帽子上的花饰

图 5-11 用在围巾上的花饰

图 5-12 作为头饰的花饰、花结

二、花饰的制作

（一）花饰的制作工具

花饰的制作工具可参考第三章图3-14做帽子的工具。

笔、尺子：用来画花饰纸板的绘图工具。

锥子：在机缝时用来按住面料前端的部分，或者用来做记号。

剪纸剪刀：小剪刀是修剪面料以及线头的工具。

布剪：用于裁布的剪刀。

铁剪：用于剪金属材料。

熨斗：熨布烫衬。

专用熨斗：用来做立体仿真花的熨斗，它的尖头部分可以换成各种不同的形状，这种熨烫工具可以用于对花瓣、叶子的凹凸定型，压叶脉等。

刷子：用于刷胶的工具。

（二）花饰的制作材料

可以制作人造花的材料有纺织面料、绳线、皮革、纸、亮片、珠子、缎带、铁丝等（图5-13）。辅料有胶水、浆糊、胶带纸、染料等。

纺织材料：做花饰最常用的材料，包括棉布类、丝绸类、化纤面料类、呢绒类面料等。棉布类包括花布、色布、针织布、灯芯绒等。丝绸类包括电力纺、缎、纱、丝、绢等。呢绒类面料包括绉布、呢绒纱、羽纱等。

绳线：用于钩针编织花饰和做花心用的材料。

皮革：包括人造皮革和真皮革，常选择厚型柔软的皮革做人造花。

纸：常选用韧性较好的纸或棉质纸作为人造花的材料，起到增强硬挺度作用。

图 5-13 制作花饰的材料

亮片、珠子：用来装饰垫衬、花蕊。

铁丝：用来做花枝内撑。

（三）花饰的制作方法

花饰制作的方法：面料处理、裁剪、染色、熨压、造型、捆扎等，以下按步骤介绍花饰的制作。

1. 面料处理

第一步是将面料用乳胶刷一遍，待其干燥后才能使用。刷胶的目的是使做出来的花、叶有一定的硬度，易成型，并且胶能固定织物纤维，使花瓣、叶不滑丝。

2. 裁剪

如果是仿真花造型，要把茎、花瓣、花萼、叶、花心裁剪得与真花造型一样，大小可以变化，花心用线做就可以，不单独裁剪花心（图5-14）。

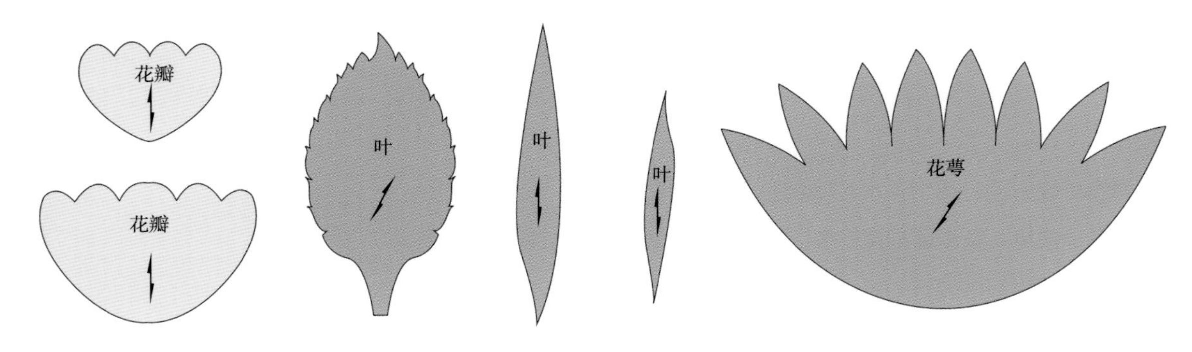

图 5-14 裁剪

3. 染色

有的花饰直接用有色面料制作，就不用染色，有些花饰的花瓣有色彩变化，就需要作染色处理，通常用绘画笔来染色（图5-15）。

4. 熨压

裁剪、染色处理后的花瓣、叶、花萼还需要进行定型处理或熨压叶脉，使效果更逼真（图5-16）。

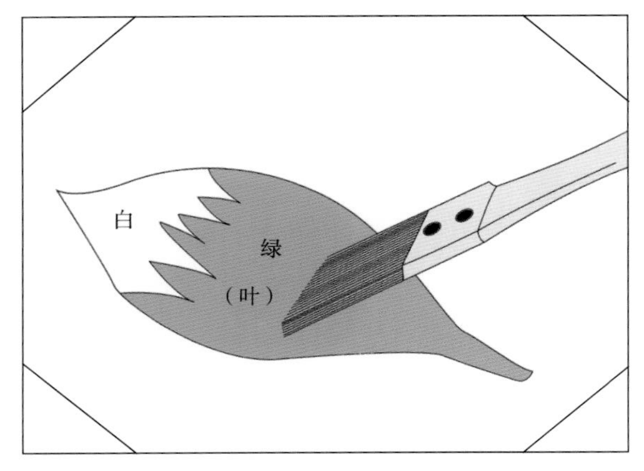

图 5-15 染色

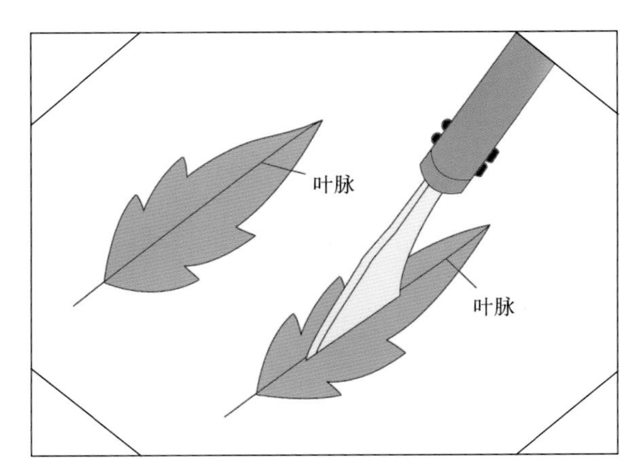

图 5-16 熨压叶脉

5. 做花心

花心分三种：无花蕊花心、有花蕊花心、花心。

无花蕊花心：这类花心用较粗的棉线或其他材料的线，剪成3cm左右的线段一束，用细线将这一束线捆在一起，内穿一根细铁丝，铁丝一头弯折，使花心与铁丝这端连接，花心刷胶，待干后，将这一束线剪成需要的长度（图5-17）。

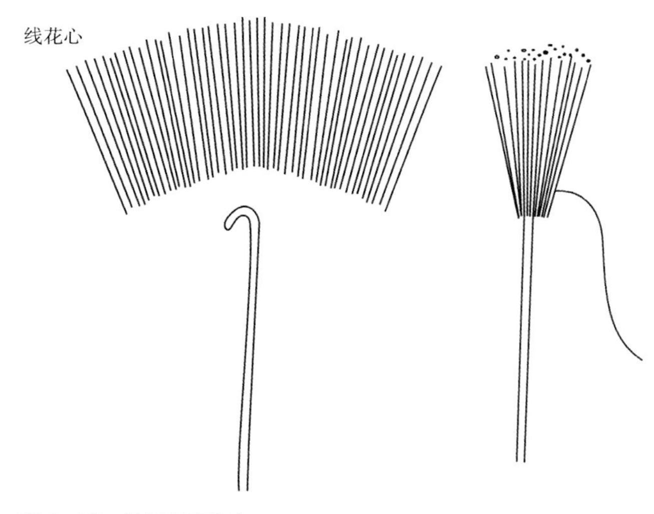

图 5-17 做无花蕊花心

有花蕊花心：一种方法是用较硬挺的线，一头蘸一点石膏，待干后石膏形成一个小硬头，这就是花蕊（图5-18）；另一种方法是用一段细铁丝穿一个小珠子，在珠子上下用细铁丝线打一结，以免珠子上下滑动，做一小束捆在铁丝上，铁丝一端弯折即可（图5-19）。

花心：用一条布条（布条长、宽根据花心的大小确定），在长边的一侧剪缺口或尖形缺口，将布条绕在一头有小弯折的铁丝上面，边绕边涂胶水，最后用细线捆一下就成为花心了（图5-20）。

6. 制作花瓣

如果是单片花瓣组成的花朵，将花瓣从小到大，由内往外粘在已做好的花心和花茎上（花茎是一根铁丝），粘一圈用细腈纶线捆一圈，使之更牢固，粘到最外层打个结。如果是由四五个花瓣组成的花朵，或由很多片构成，制作这种花时，将花瓣从小到大排列，从中心穿在花茎上（图5-21）。

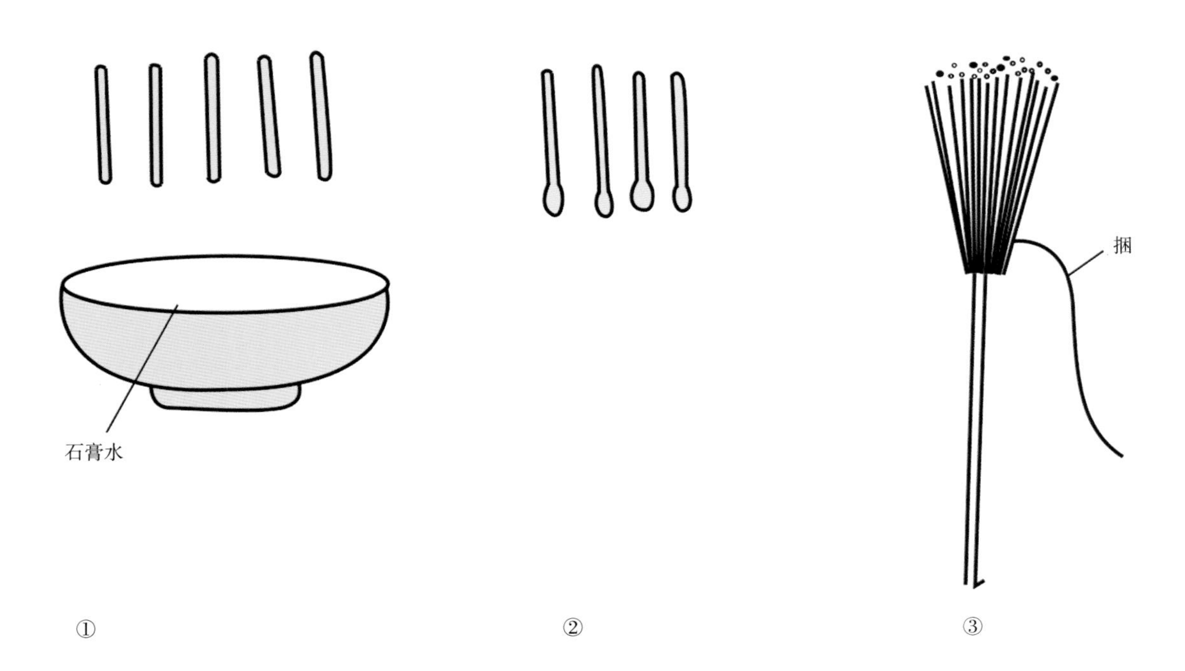

图 5-18 做花蕊

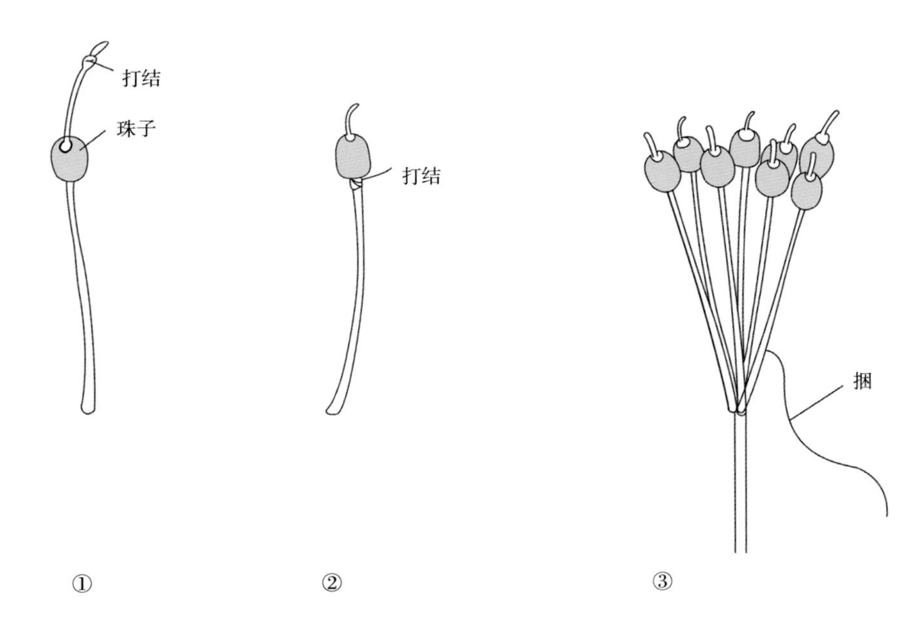

图 5-19 做有花蕊花心

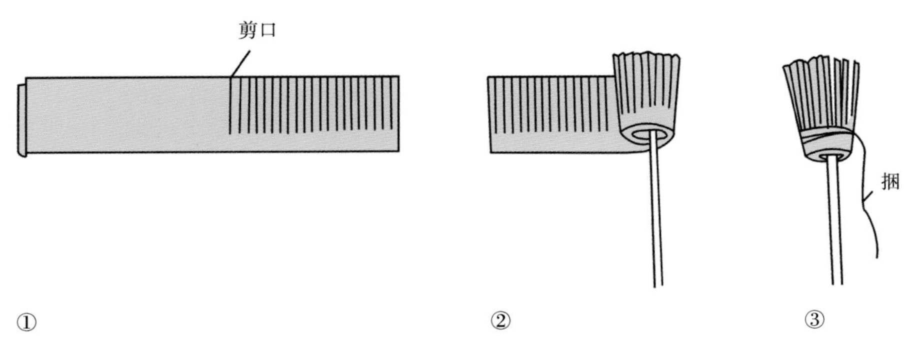

图 5-20 用布做花心

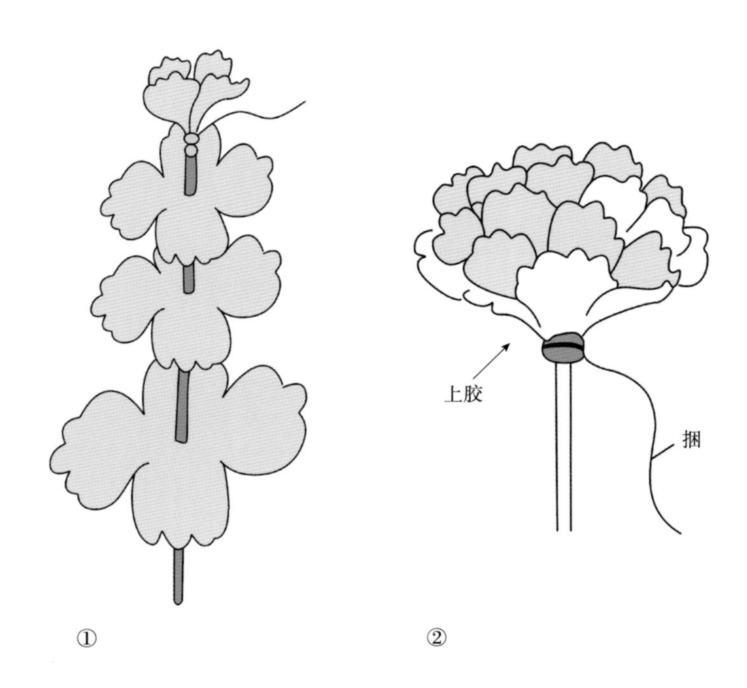

图 5-21 做花瓣

7. 制作花萼

将剪好、熨出造型的花萼粘在花瓣的下方即可，如果是连成一片的花萼，从其中心穿在花瓣下方底部，刷上胶水粘牢即可（图5-22）。

8. 制作叶子

将剪好的叶形，两片对贴在一起，中间夹一根细铁丝，刷上乳胶，待干后用熨烫机压出叶脉即可（图5-23）。

9. 制作花茎

用已做好花瓣、花萼的铁丝作为花茎内撑，铁丝外面用纸条或斜布条缠绕一遍，边绕边刷胶，同时加上叶子，让布条或纸条缠住叶子（图5-24）。

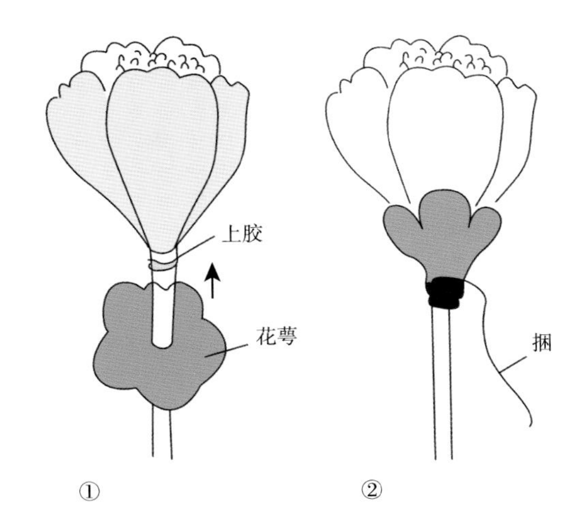

图 5-22 做花萼

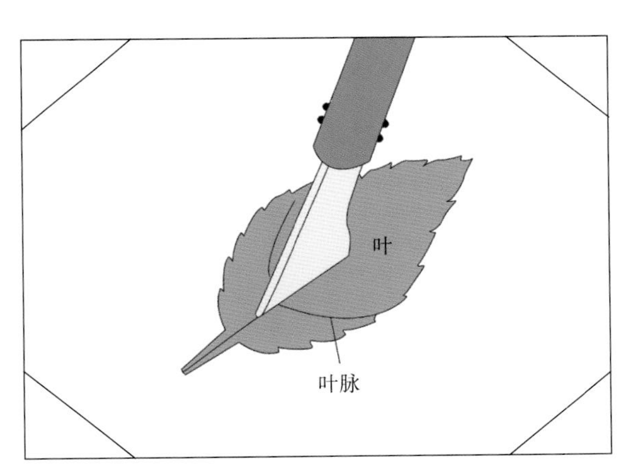

图 5-23 做叶子

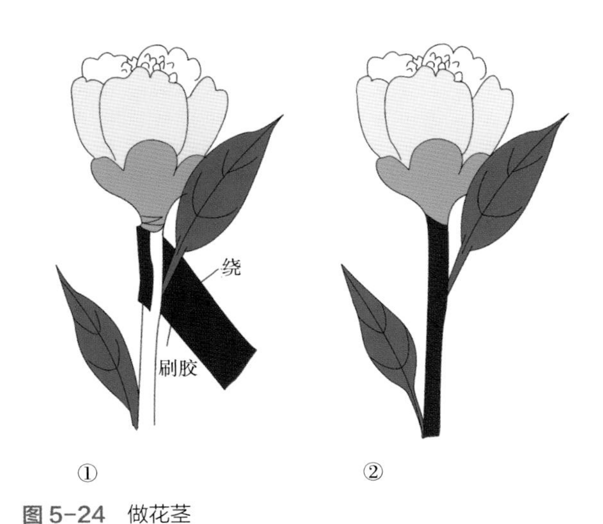

图 5-24 做花茎

三、花结的制作方法

（一）案例一 蝴蝶结

蝴蝶结一般用缎带或纺织面料制作，将面料剪成正方形或长方形，面料尺寸大小根据设计而定。将面料裁片正面相对，对折后两边缝合，开口在后面，翻到正面，中间用细带子绕过缝合即成（图5-25）。

（二）案例二 玫瑰花

玫瑰花的选材多样，很多面料都适合制作玫瑰花。以下介绍几种玫瑰花的制作方法（图5-26～图5-28）。

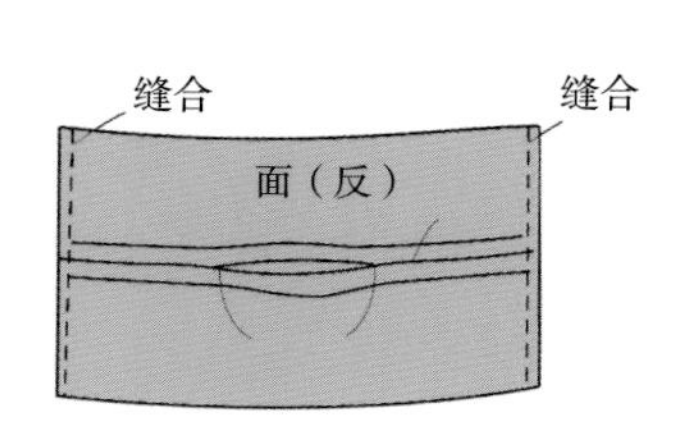

①面料裁片正面相对，对折后两边缝合

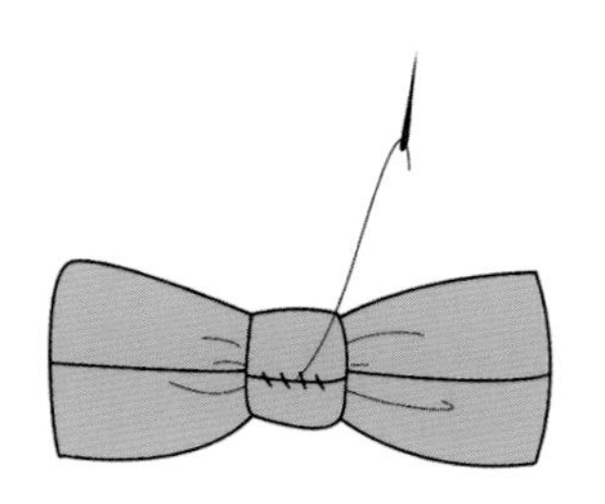

②中间用细带子绕过缝合

图 5-25　蝴蝶结的制作

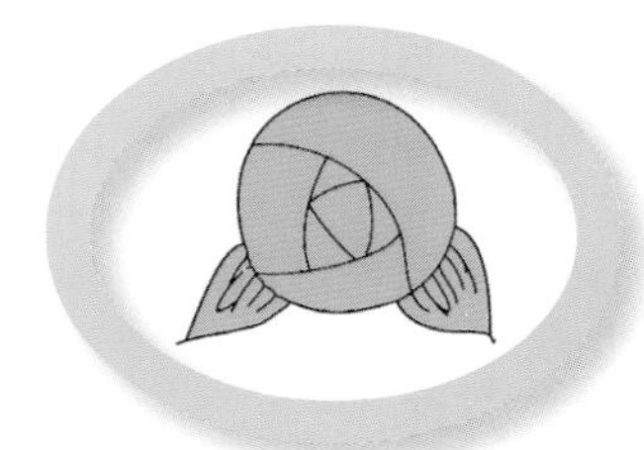

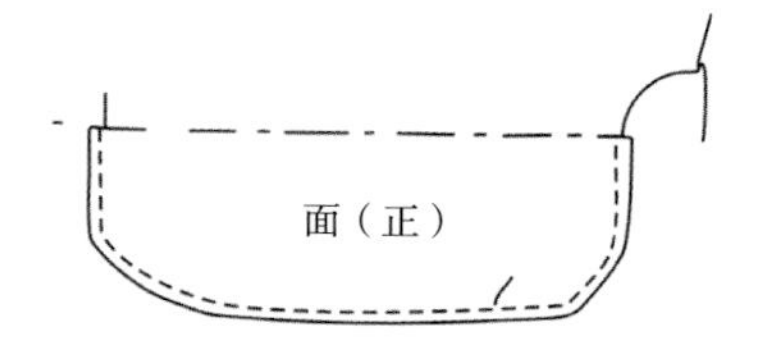

① 面料裁片反面相对，沿边线串缝

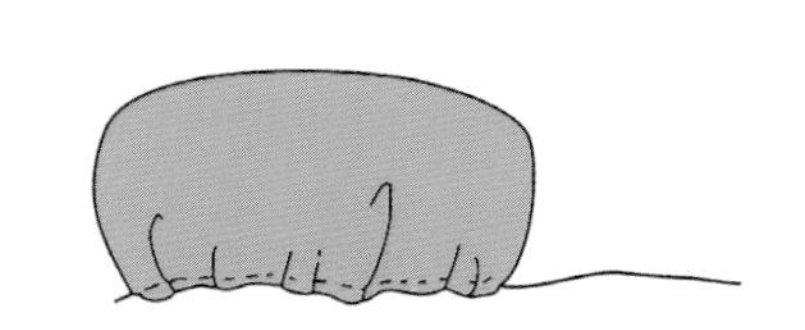

② 稍稍拉紧

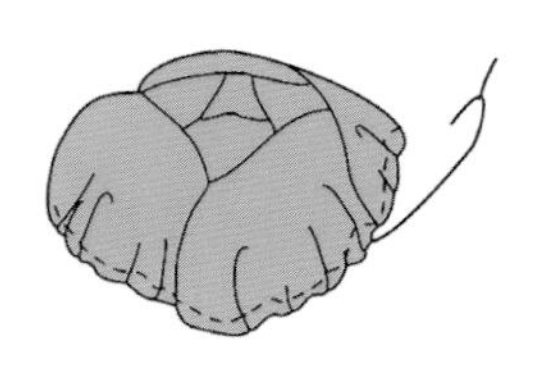

③ 共六片，小片在内大片在外、缝住下面

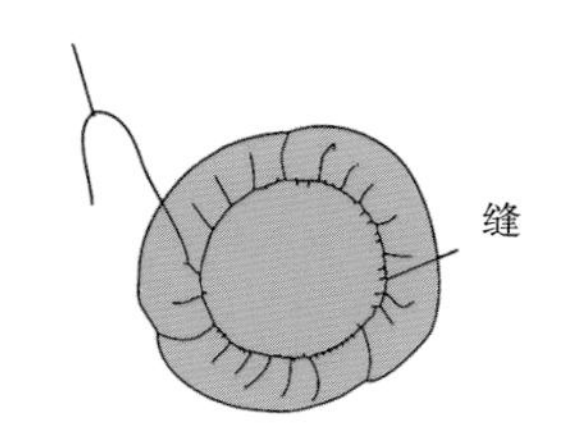

④缝上花萼

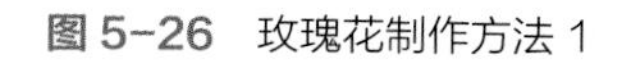

图 5-26　玫瑰花制作方法 1

① 沿边线串缝

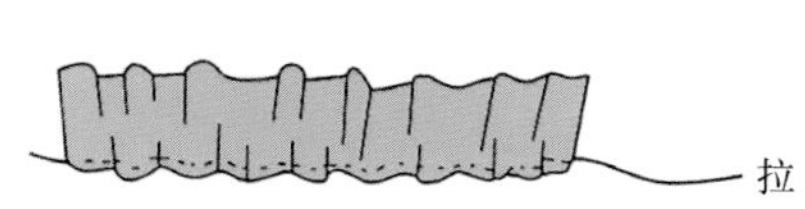

② 稍稍拉紧

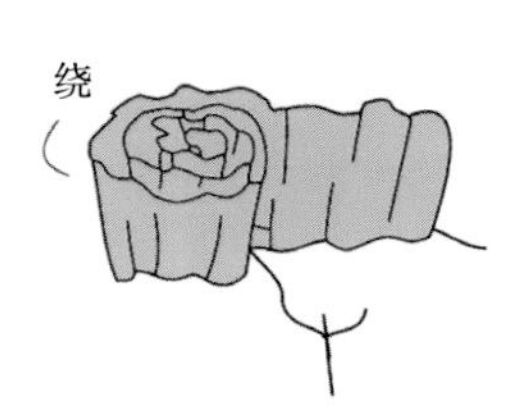

③ 边绕边缝

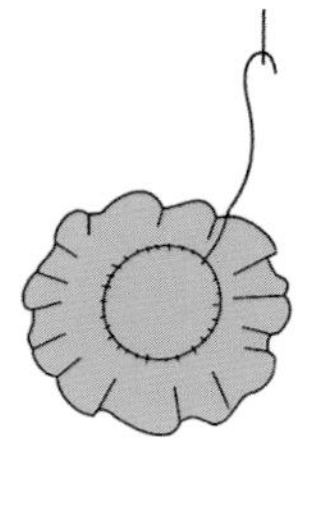

④缝上花萼

图 5-27　玫瑰花制作方法 2

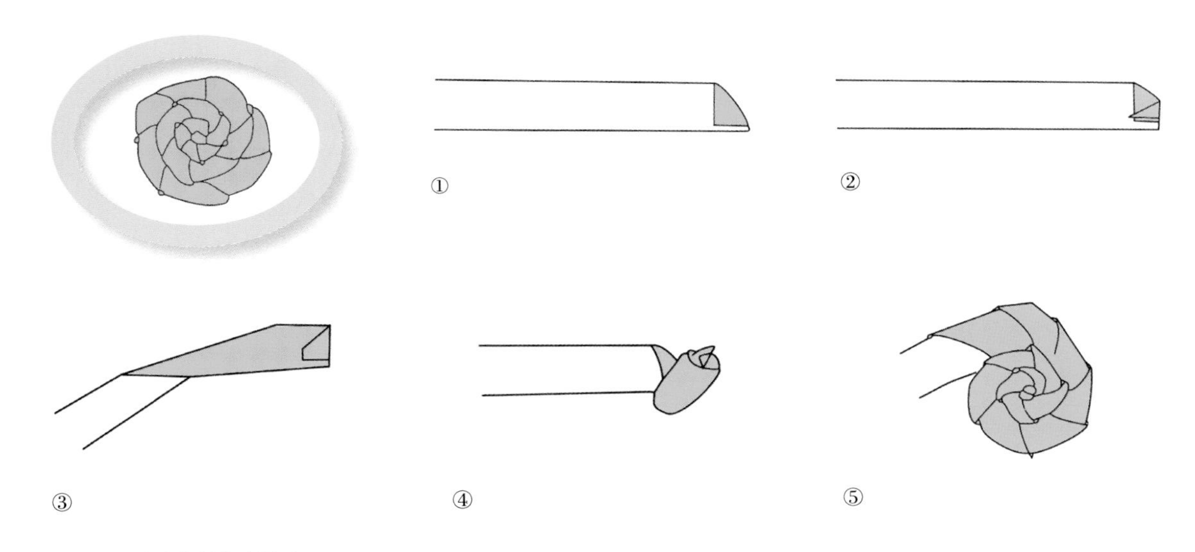

图 5-28 玫瑰花制作方法 3

（三）案例三 纽扣花

以下介绍几种纽扣花的制作方法（图5-29～图5-31）。

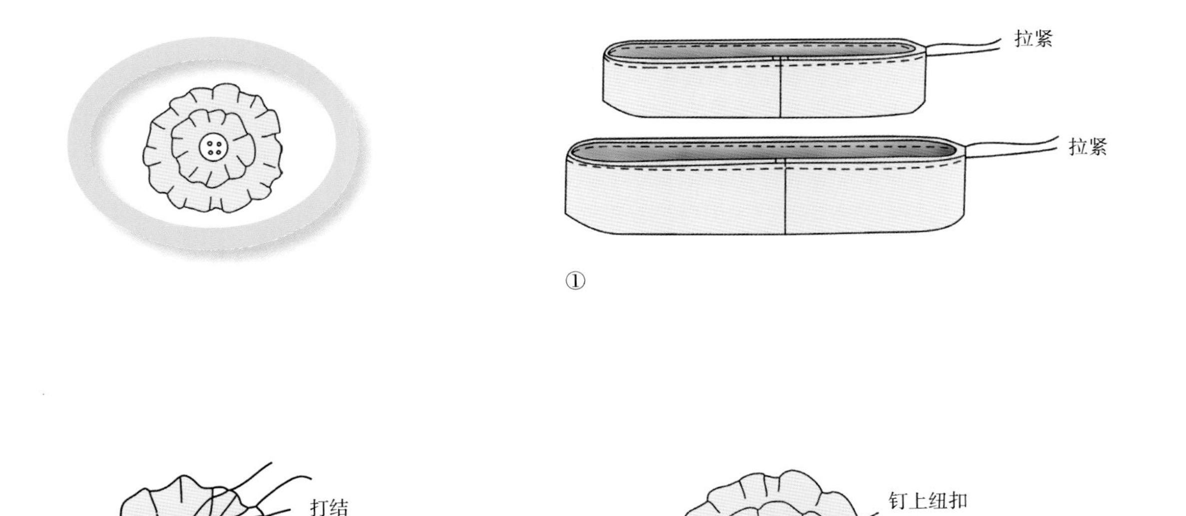

图 5-29 纽扣花制作方法 1

图 5-30 纽扣花制作方法 2

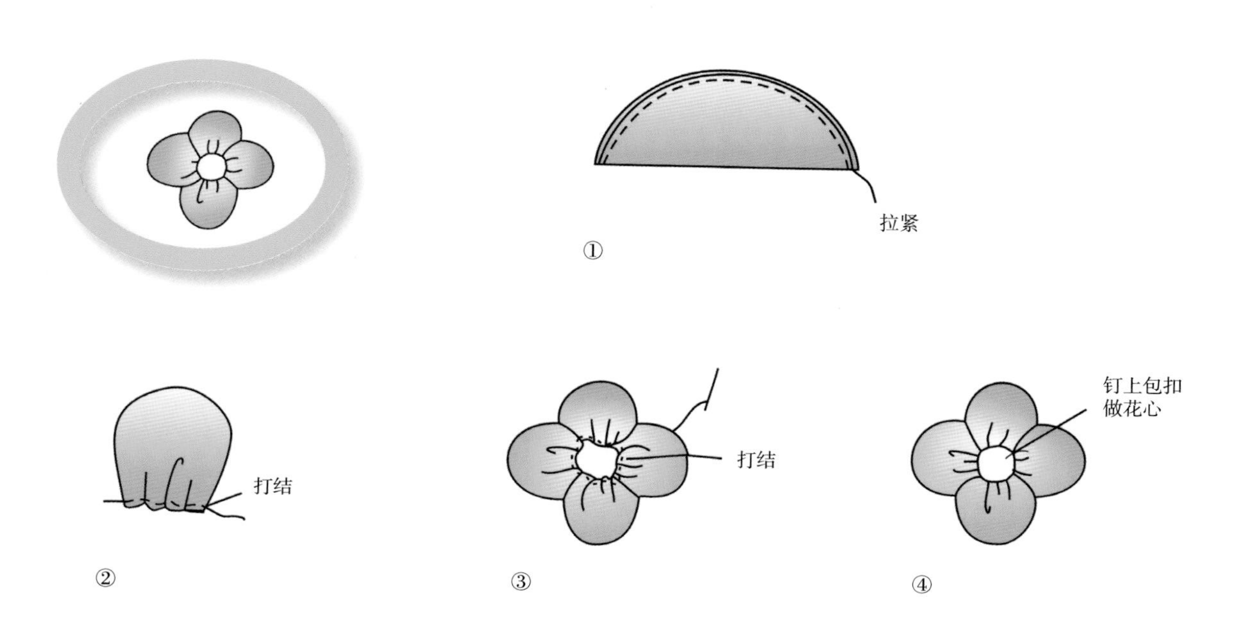

图 5-31 纽扣花制作方法 3

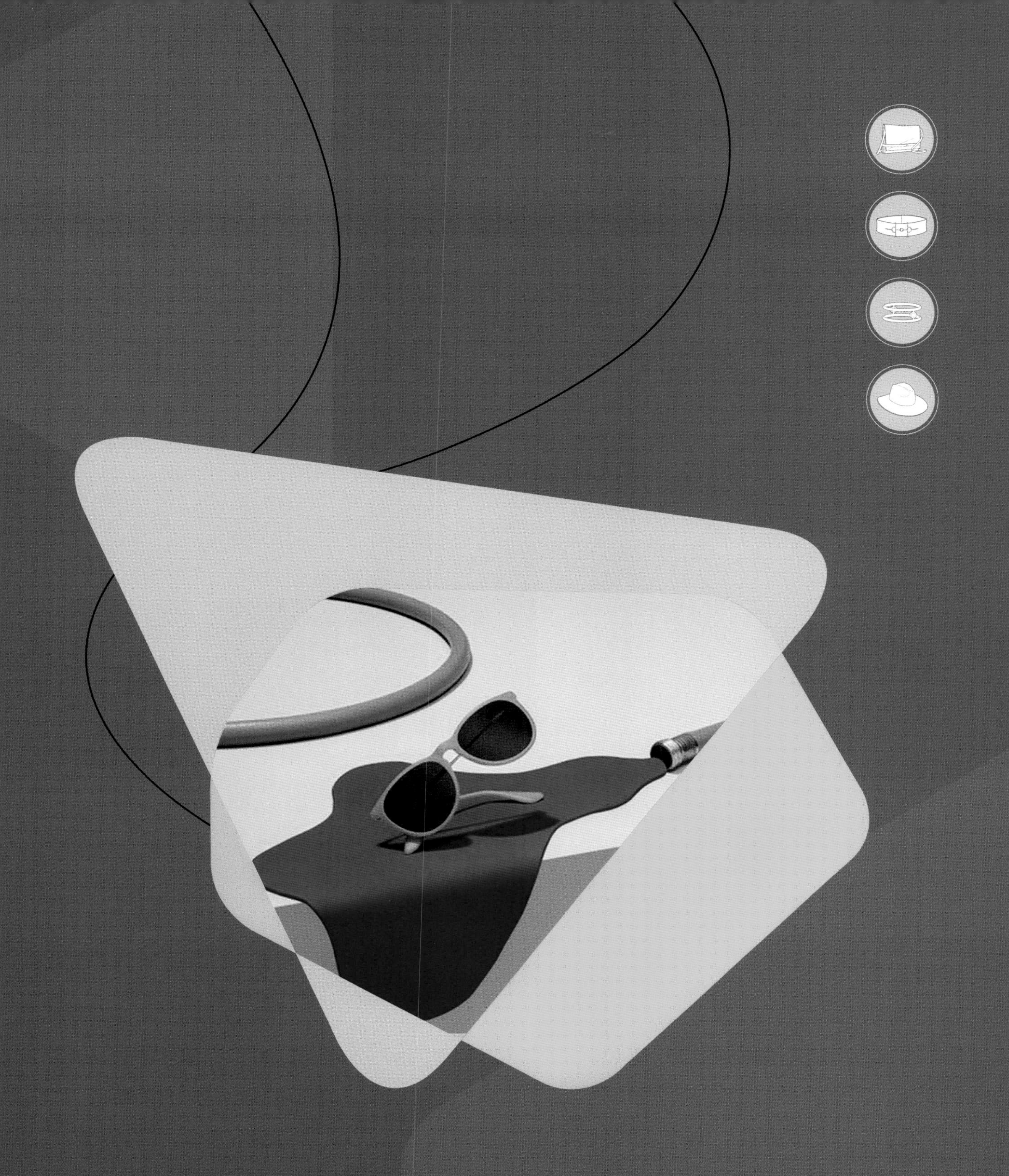

第六章　配饰设计风格

现代生活随着人们物质文明和精神文明的双重发展，客观上要求更新更美的设计来满足人们的需要。配饰不但记录了不同时代和地区人们的审美倾向和工艺水平，同时也反映了其背后的习俗和文化内涵。如今，配饰的样式已成为人们修饰美化自身、塑造整体形象、烘托个性和气质的物品。配饰根据使用价值可以分为两类：常用类和非常用类。基于日常生活、运动、旅游使用的配饰为常用类，特殊场合使用的以追求审美、标识意义为主要目的的配饰为非常用类。

第一节　常用类

在时尚出现的100多年里，配饰经过多次反复的发展和变化，风格百花齐放，多种多样的配饰让人眼花缭乱，从近几年来看，配饰风格大致可以分为：时尚、古典、可爱、科技、民族、另类、运动、休闲等。

一、时尚风格

这类配饰风格呈现时髦、成熟、精致的特点，与最新流行趋势同步，材料多以皮革、毛皮、新型时尚材料为主，强调时髦性，色彩适用面广泛。在时尚界，时尚风格也被称作摩登风格。这类风格的配饰多种多样，但都离不开时髦二字，与具有同样风格的服装相配，如图6-1所示，是现下时尚风格的包和鞋子造型。

图6-1　时尚风格

二、古典风格

古典风格配饰沿袭传统配饰样式，创新元素很少。这类风格产品在市场上所占份额较少，一般为中老年人所需，或者作为一种旅游产品。如北京老布鞋，一些老人很爱穿用，所以在北京和全国一些城市，都设有北京老布鞋的专卖店，店内绝大部分鞋是传统样式，少部分鞋采用传统的面料，款式有新意，这些鞋有一定的市场。将传统式样稍作调整设计出来的配饰，也称新古典主义或复古风格。在这几年服装市场中可看到一些古典风格的帽子和包袋（图6-2）。

图 6-2 古典风格

三、可爱风格

可爱风格的配饰主要为女性设计，其特点是：造型随意和装饰元素的使用。常用花结、立体花、蕾丝花边装饰，色彩比较柔和、亮丽，材料时尚。该风格的服饰品与严谨风格正好形成对比（图6-3）。

图 6-3 可爱风格

四、科技风格

科技风格的设计发端于20世纪60年代。60年代初美国总统肯尼迪提出：美国要在未来的10年内把人送上月球并让其安全返回。这个言论在西方引起了长达10年的轩然大波。不仅震撼了欧美的科技领域，也给服装设计师带来了灵感，安德烈·科黑金（Andre Courreges）、皮尔·卡丹（Pierre Cardin）、帕克·拉巴纳（Paco Rabanne）都是服装界未来主义的鼻祖。

科技风格指两个方面，一是将科技成果的局部元素用于配饰设计，让人们联想到科技成果的形态。比如，对外太空的探索一直是科学家们的追求，航天飞机、太空舱里的一些局部造型线、宇宙飞行员的外观、飞行斗篷和太空舱的银灰色等元素都可以运用到设计中。

科技风格另一方面表现在对高科技新型面料或金、银、金属等材料的使用。如膨体聚四氟乙烯面料，具有耐化学稳定性、耐高温等特性，该面料已成功应用于医药、食品等行业的除菌过滤，以及消防服、化学防护服、隔离服、运动服等产品。还有金属纤维防辐射面料，具有永久性防静电、防电磁波的功能。头盔般的无檐帽和沙宣头、闪烁着金属光泽的面料、用透明塑料pvc做的包等，这些也都是未来主义的标志（图6-4）。

图6-4 科技风格

五、民族风格

世界上的每个民族都有自己独特的文化，正因为民族文化的多样性，使世界文化丰富多彩。每个民族服饰的款式、图案、材料、色彩、工艺、装饰都各有特色，是具有借鉴价值的资源。很多著名设计师，常常将异域文化与自己的设计风格结合起来，或将几种不同的民族文化元素有机组合起来，形成独特的视觉效果（图6-5）。

六、另类风格

另类风格是指设计理念超前，打破服饰传统思维方法指导下的设计风格。这一类风格的服饰品，处在流行的最前沿，用新的造型方式、图案、结构方式、材料进行设计，重点在追求一个

图6-5 民族风格

“新”字，设计意识超前，与传统风格形成鲜明对比。用这种思维方式设计出来的配饰总是以最新的面貌出现，所以它的特点是无规律、无固定模式，包含了朋克、嬉皮风格及日本街头风格等。

嬉皮风格：特点是将20世纪60、70年代的嬉皮服饰风格的流苏、民族图案印花布、彩色珠串等元素运用到配饰设计中（图6-6）。

朋克风格：特点是将20世纪70、80年代朋克风格的黑色皮革或者纺织材料、金属钉、链条、破洞等元素运用到配饰设计中（图6-7）。

日本街头风格：日本街头风格源于二战后的美军基地原宿，这个地区的年轻人受到了美国文化的影响，出现了一批嬉皮派，也就是最早的原宿族。其特点是穿着混搭、大胆、新奇、充满个性，甚至怪异、特立独行。日本街头风格分涩谷系、原宿系、六本木系、表参道系等派系（图6-8）。

图6-6 另类风格之嬉皮风格

图6-7 另类风格之朋克风格

图6-8 另类风格之日本街头风格

七、运动风格

用运动风格服饰元素设计的配饰包括：运动鞋、带有运动装标志图案的轻便型包、帽和鞋子（图6-9）。

八、休闲风格

这种风格服饰品的特点主要反映在材料上，多使用纯棉印花布、格子面料、麻质面料以及各种草编、藤编，以表达自然主义的设计理念，追求返璞归真风貌。鞋子造型以平底、坡底为主，因为布和麻的定型性差，不适合做高跟鞋的鞋帮。用纯棉印花布、格子面料、麻质面料制作的休闲风格的包袋、帽子、腰带的挺括感也不够，因此，柔软、随意是这类风格配饰的特点（图6-10）。

图 6-9　运动风格

图 6-10　休闲风格

第二节 非常用类

除人们日常生活对配饰有需求外，人们也需要在一些特定场合使用与特定服装相配的配饰，这类配饰被定义为非实用类配饰，包括：概念时装秀、卖场布置、节日、歌舞表演、戏剧舞台、电影拍摄等场合的需求。

一、概念设计的配饰

概念设计的配饰是利用设计概念并以其为主线贯穿全部设计过程的设计产品，它通过设计概念将设计者繁复的感性思维和瞬间思维上升到统一的理性思维，从而完成整个设计。概念设想是创造性思维的一种体现，概念配饰产品是一种理想化的形式，通常是反映某类品牌的设计精神或是设计师想表达的具有前瞻性且带探索意味的产品。概念设计的配饰一般在概念时装秀和卖场上使用。

时装秀有两种，一种叫成衣时装秀，这种时装秀就是最初的时装秀，设计师把自己有代表性的服装展示出来。而另一种叫概念时装秀，概念时装秀是发表本品牌或本系列这一季的路线、主题与风格。概念时装秀是设计师灵魂的传递、设计理念的表达，人们所要关注的不光是模特身上的衣服，还有构成时装秀整体的其他元素，比如：服装、模特的发型、脸部妆容、背景音乐、T台环境，结合整体来体会这一季该品牌或这个系列的设计概念。此类时装秀展示的配饰主要强调审美性、时尚感，并不注重其实用性（图6-11）。

卖场概念设计的配饰主要为完善卖场的风格理念而设计，也是一系列有序、有组织、有目标的设计活动，它表现为一个由粗到精、由模糊到清晰、由抽象到具体的不断完善过程，卖场概念设计强调设计理念、审美性和时尚感（图6-12）。

图6-11 概念设计的配饰

图 6-12 卖场概念配饰设计

二、为特殊节日专门设计的配饰

现代社会大多数节日无特殊的服饰要求，但个别节日有特殊的服饰要求，如：万圣节、狂欢节、中国年（一些地区有服饰要求）、少数民族的传统节日等，在这些节日中人们需要按传统沿袭下来的方式进行设计或者穿衣打扮，图6-13所示是巴西狂欢节上人们的配饰，具有新奇、独特之感。

图 6-13 巴西狂欢节配饰

三、为戏剧、电影、舞台剧等专门设计的配饰

戏剧舞台角色的配饰设计是一种特殊的创作活动，它涉及许多艺术门类，以其独有的特性区别于一般配饰设计。其设计重点是要较深切地体会和感悟戏剧的特性，剧情发生的时代和该时代的服饰特点，掌握继承传统和创新的关系。戏剧舞台配饰有关于四个统一说法：一是似与不似的统一，二是神似与形似的统一，三是生活真实与艺术真实的统一，四是有限空间与无限空间的统一。在空间处理上，用虚拟艺术手法，充分调动观众的想象力，从而丰富舞台环境。其配饰，既讲生活真实，又讲艺术加工、提炼和艺术夸张，重在符合舞台效果，展现舞台张力。

电影服饰设计中的配饰设计，是帮助导演塑造人物形象的艺术手段之一。如今的人们走入电影院已不满足于曲折跌宕的故事情节和错综复杂的人物关系，视觉与听觉上的刺激与震撼也能给人留下深刻的印象。所以不论是斯巴达克思腰际的一块兽皮，还是埃及艳后华贵的头饰，演员身上所有的穿戴都是电影服装设计师精心打造的艺术品。服饰与电影同属艺术的一个支脉，它们与其他姊妹艺术相互吸收、融合，共同发展。配饰的形态美是构成电影服饰中美感的重要部分，所以此类为戏剧、电影、舞台剧等专门设计的配饰更多的是在探寻配饰的美感（图6-14）。

图6-14 电影角色的配饰

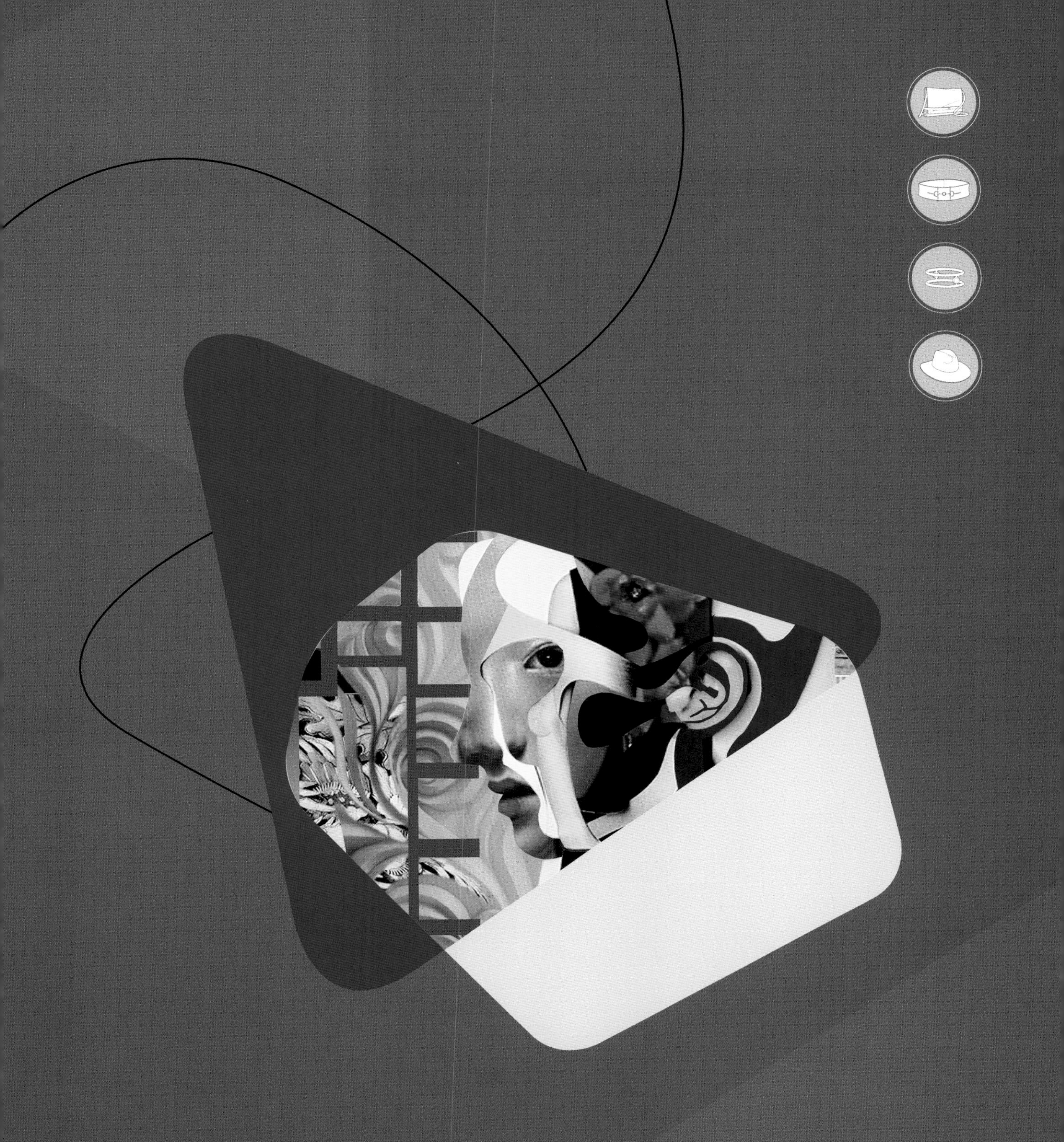

第七章　配饰设计流程

配饰设计是用一定的艺术语言创造配件造型，并合理运用色彩，采用将设计构思适当结合的材料（包括对新材料的应用），通过一定的工艺手段将设计构思得以实现的全过程。配饰设计构思过程是一个完整的过程，是一个循序渐进的设计程序，设计的各个环节是互相衔接、互相制约的关系，这就需要设计师对每一个环节进行了解，设计意图及效果最终才能实现。本章着重对配饰设计流程进行讲解和介绍，即：调研→调研手册→构思→设计方案完成（图7-1）。同时，介绍几种调研方式，讲解调研手册的制作，以及如何构思和绘制草图、设计稿，力求让学生掌握从寻找灵感到设计方案完成的一个相对完整的设计过程。

图 7-1 设计流程

第一节　调研

一、确定设计主题

在配饰设计中，设计主题的寻找与选择是非常重要的，是为有自己风格的品牌公司做设计还是为某一季概念服装秀做设计，是为卖场做设计还是为参加某个设计比赛做设计等，根据不同的设计需求确定设计主题和内容，之后的所有工作都是围绕主题内容展开的。图7-2所示是为品牌公司设计的实用性配饰方案，图7-3是为某一卖场设计的配饰。

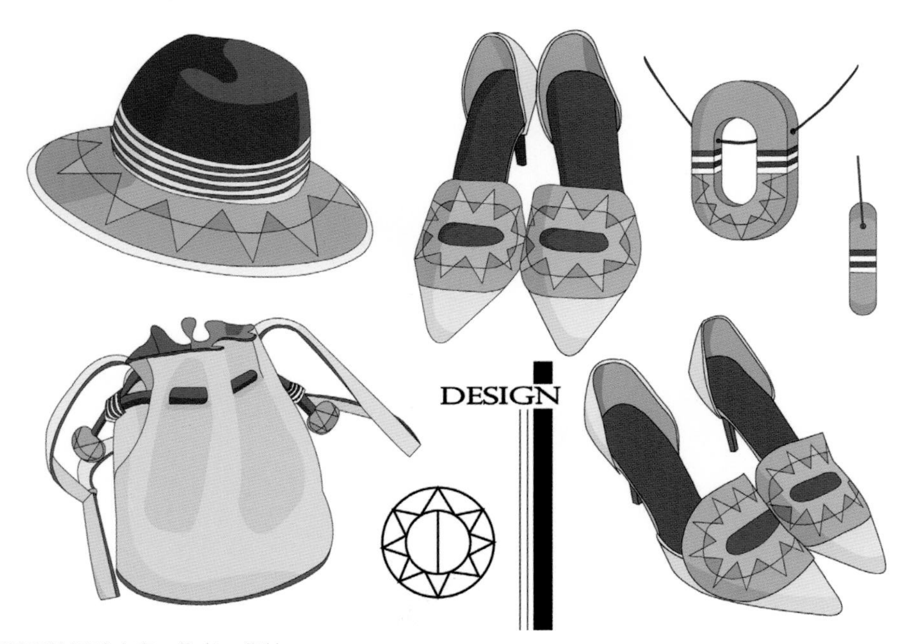

图 7-2 实用性配饰设计方案　作者：华喆

图 7-3 为卖场设计的配饰 作者：刘静

二、寻找灵感

在确定设计主题后，寻找设计灵感是非常重要的工作。在这个时尚节奏变化较快的时代，要保持对新事物、新材料、新审美倾向的洞察能力，持续不断地探索，只有这样，才会有激发新创造性思维的可能性。图7-4是学生把陶瓷、中国水墨画、自然岩石层、蓝绿色彩作为灵感来源收集整理的作业。图7-5是学生把中国传统的窗格图案、树叶、人物形象进行分割处理得到的图形与蓝色作为灵感来源收集的作业。从收集到的图形、色彩关系的启发进行设计构思。

三、资料来源

设计师在创作过程中应运用多种思维方法，尤其是多维立体式发散性设计思维方法，在寻找灵感的过程中，我们可以从以下几个渠道来获得资料（图7-6）。

（一）图书馆

去图书馆查阅是获取资料、找到灵感的基本途径之一。书籍相对于网络上零散的服饰知识来说，要更全面系统。图书馆的相关论著具有丰富的设计内涵，分门别类地为读者提供了更完整的解读文本，有助于读者对配饰风格、样式、色彩、材料、工艺、图案等的整体认识，对配饰设计基本要素的详细分析和梳理，有助于读者更深入地认识和研究配饰设计（图7-7）。

图 7-4 灵感收集 作者：钱萧琴

图 7-5 灵感收集 作者：钱萧琴

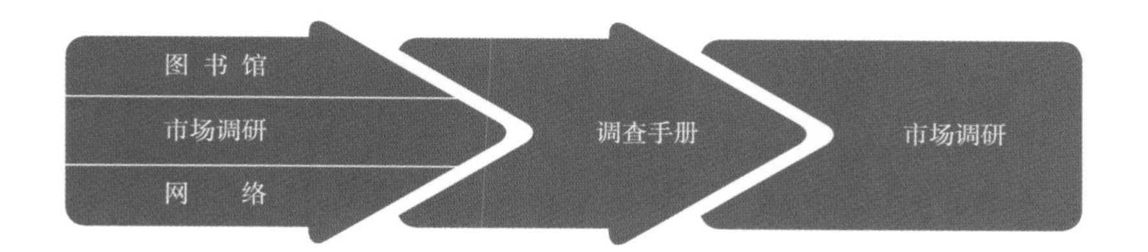

图 7-6 资料来源

图 7-7 图书馆资料

（二）网络

网络收集资料的特点是：快捷方便、范围宽泛，而且能直接从网上下载一些对设计有用的服装配饰图片。通过网络查找资料，可以快速获得一个整体全面的印象，包括配饰设计的结构特征、着装搭配以及男女配饰设计特点等。网络中有大量的图片和文字可供参考选择，可以对比各个网站对配饰各方面的描述。但是网络的不足之处在于，不能亲自感受到配饰材料的质地和一些精致的细节以及结构上的独特之处。

就服饰配件设计而言，表7-1提供了一些可参考利用的相关时尚网站。

表7-1 相关的时尚网站

类型	网址
服装资讯网站	http://www.eeff.net http://www.vogue.com.cn http://www.style.com http://www.T100.cn
时装周网站	伦敦时装周网站：http://www.londonfashionweek.co.uk/ 英国毕业时装周：http://www.gfw.org.uk/ 日本东京时尚周：http://www.jfw.jp/en/ 北京时装周网站：http://www.bjfashionweek.cn/

（三）市场调研

在条件允许下，亲自深入市场、商场、专卖店等实地考察，是对配件设计资料收集的最佳途径。了解各种风格配饰和人文背景，并对各种风格配饰的款式特征、色彩搭配、材料工艺、图案纹样以及整体着装姿态进行逐一深入研究，同时也从配饰的风格特点中发现投射在配饰上的风格由来、审美情趣等（图7-8）。在实地调查过程中，可以养成影像拍摄、询问记录、操作实践的好习惯。尽可能在调研时多记录资料，在调研的资料里应关注配饰的造型、工艺和材料等方面，通过看、拍、做等方式立体记录下触动你灵感的细节，做到有目的、有意义的调研。

图 7-8 批发市场

第二节 调研手册

一、组合调研资料

调研手册就是将收集的灵感来源资料组合起来，这对设计理念的探索和实践是十分必要的。用一本手稿图册的形式将收集到的所有信息资料进行拼贴和加工，表现为一系列故事板，调研成果可以表明设计者如何思考和感知周围的世界，同时证明设计者具有一定的创造力。在设计工作室里，调研手册也可以成为设计者与其他人分享的信息资料，有助于对一个系列的主题达成一致意见。

调研手册不仅是剪报和照片的剪贴簿，而且体现了设计者对信息资料的学习、记录和加工处理。在一本手稿图册中，应尝试用多种表达方式来对信息资料进行探索和试验。调研手册中，拼贴技法的运用是指将从不同来源获得的信息资料（如照片、杂志剪报以及从网络上下载、打印出来的图片、文字、面料小样和装饰物等）拼贴在一起（图7-9、图7-10）。

二、调研资料排版

调研资料是设计的前期准备，它并不是最终的设计，所以它的版式不用太呆板，学生可以运用学到的平面构成、色彩构成的一些基础知识，对版式进行设计，可以构建成千变万化的排版形式。但版面的设计要遵循易读原则，排版时采用文字和图片（手绘图、照片）相组合，也可以在其中加一些配饰以外其他方面的图片，比如用实地场景、动物花卉等图片作为背景或点缀，插图时注意色调关系，要把握版面设计的平衡，留白有度、凸显重点。文字的排列可横排、竖排，文字在版面上应占有一定面积，且鲜明实在，不能太分散。图文排列形式多样，主要有：图文分左右排列、文字包围、随机插图等。应用简洁、新颖的形式展现其丰富的内容。每个学生的调研资料应该带一些个性化的语言，在排版的过程中，对版式的构思也是一个有创造性的工作，对设计主题有所帮助（图7-11、图7-12）。

图 7-9 组合调研资料一 作者：冉林鑫

图 7-10 组合调研资料二 作者：章梦涵

图 7-11 调研资料排版作业一 作者：蒋欣妍

图 7-12 调研资料排版作业二 作者：华喆

第三节　构思

前期确定设计主题、寻找灵感、调研资料整理等工作完成后，就进入构思阶段，这是将所有零散、模糊但是有方向的构思汇集到一个或者一系列配饰设计中的过程。这个阶段的工作，是在有一定框架基础上进行的，因为在接到具体的设计任务时，就有大致的风格方向，如款式元素锁定、材料范围、色彩倾向、装饰特点等，顺着思维的骨架寻找，最好将自己调整到轻松的创作状态。在这个阶段，需要的就是在风格确定的基础上创新，传达出自己心中的理想设计构思。

一、设计拓展的要素

根据设计要求确定设计意图，利用构思方式生成设计最初的突破口，可以了解一下这几种常用的思维方式：

（1）常规设计思维（又叫正向思维）：是人们习惯按照一定的模式进行设计的思维模式，特点是中规中矩。这种方式是直接发现问题，根据问题的焦点从正面甚至是表面上直接寻找解决问题的办法。

（2）变异思维（也叫逆向思维）：这是把事物放在相反位置上思考的设计思维方法。反其道而行之是变异思维的典型特征，这种方式可以启发设计构思，拓展思维范畴，催生意料之外的设计结果，从而使设计所表现出来的外观形式更加引人注目，更有新意。

（3）联想设计思维：是指由一个事物联想到另一个事物的思维方式。特点是由习惯性思维在长期知识积累的基础上留下模仿和继承的痕迹。可归纳为相似联想、对比联想和接近联想三种类型。相似联想是由某种相似经验引起某种倾向性思维，表现在设计中就是不同设计或组成设计的各部分具有相似的特征。对比联想是指由某一经验产生与之完全相反的联想，在设计中表现为相反的表达方式。接近联想是指由某一经验联想到与之相关的事物，与相似联想不同的是接近联想的事物不具有共同特征。

（4）无理思维：就是要故意打破思维的合理性而进行一些不太合理的思考，然后从这些不合理中寻找灵感，发现突破口，再从中整理出比较合理的部分。无理思维将许多设计没有规律地进行组合创新，可以从中发现值得保留的创新设计，从而改变事物原有的形象，创造出一种新奇的意境。

二、草图

构思的结果用草图表现，草图可以用铅笔或水性笔来画，它的主要作用是传递最初的构思，并经过多次改动，成为最后的设计稿，草图的关键是能表现出设计的每一个细节，在此基础上可以进行不断的优化（图7-13）。

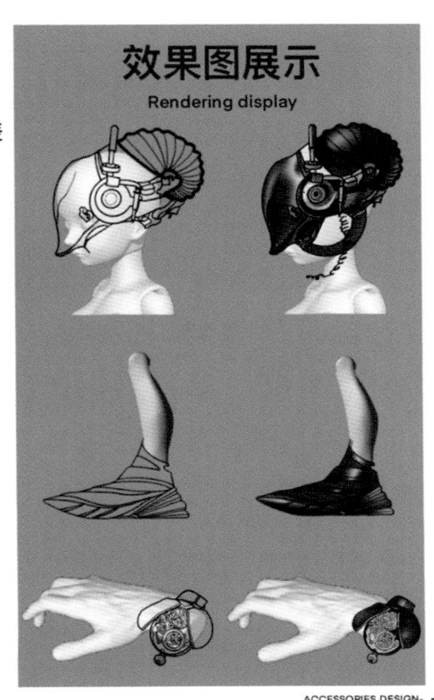

配饰设计-戏剧影院风

草图过程
Sketch Process

图一：头帘——实用款 图二：面具——亲子款 图三：头饰——概念款

图 7-13 草图作业 作者：夏紫薇

第四节 设计方案完成

设计表现不仅是人们通常理解的画设计效果图，而且要求设计师对设计具有从平面到立体、从整体到局部的形象思维能力。设计师对设计的表现是否具体，设计计划是否详细，都会影响最终设计效果。从设计到成品，仅仅完成了设计的一部分，当它穿在所设定的消费者身上时才有其完整的意义，消费者的着装效果直接反映出设计是否达到所预想的状态。因此，设计方案的详尽规范是保障设计作品效果的基本条件。

一份完整的设计方案，包括以下信息：效果图、款式图、色彩、材料小样、细节的描述、装饰的表达、设计说明等内容。

一、效果图

草图经过多次不断完善后，需要用效果图的形式表达设计。效果图是通过艺术表现手法，呈现出配饰的款式特点、标准色彩、面料组合以及基本的材料质感效果，使我们能直观地感受设计师的构想。效果图应该表现出配饰的样式、结构、色彩、细节、装饰，有些细节、装饰还应该在效果图旁画放大图，以便看清楚细节。效果图除正确表达设计外，追求艺术美也是很重要的。

效果图的表现方法较多，如线描法、铅笔淡彩法、水性笔淡彩法、渲染、速写法、剪影法、平涂、拼贴、电脑辅助、马克笔表现等。根据所选择的材料，采用不同的技巧来完成。图7-14是电脑辅助绘制的效果图，图7-15是手绘效果图。

图7-14 电脑辅助绘制的效果图 作者：汪藤靖　　**图7-15** 手绘效果图 作者：孙嘉楠

二、款式图

款式图是在设计效果图的基础上对构成款式结构的具体表现，也是板型完善的依据，工艺实施的保证。款式图不需要上色，线条要求干净清晰，描绘工整直白，对于一些特殊的结构或工艺可以用文字加以补充说明。准确的款式图是实物制作的重要依据，也是设计表现的重要组成部分（图7-16）。

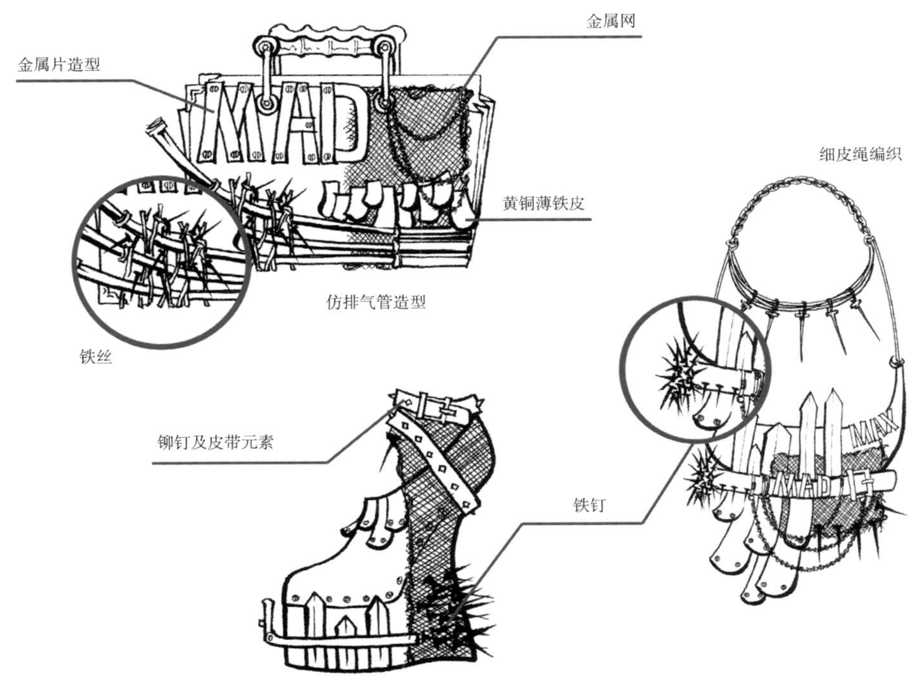

图 7-16 款式图 作者：卢溥明

三、色彩、材料

面料和色彩是配饰设计的两大要素。其中配饰材料是配饰设计的载体，在构思阶段，很多时候色彩与材料是同时考虑的。配饰色彩、材料的设计除要符合美学原理以外，设计的风格、系列、用途也与之有关。在选择面料之前对配饰材料的性能与作用有一定的认识，进行其实用性和艺术性两方面的考察，如材料的透气性、保暖性、伸缩性以及色彩、图案的华丽、朴素等。

配饰的材料除选择市场上已有的，面料再造也是一个思路，面料再造可以获得更广阔的创意空间（图7-17、图7-18）。

四、细节、装饰

配饰的细节和装饰有可能是包扣的样式、包袋的形式、某个特殊的技法、商标的图案、各种装饰方法的运用等，对细节与装饰的描述，一般用图表示，可以在效果图的旁边单独画出来，需要的话补充文字说明。如果是特殊的材料装饰，也可以用文字说明（图7-19、图7-20）。

五、设计说明

根据不同类型、不同要求设计的配饰有其相关的内容，如适用年龄定位、使用场合定位、穿着时间定位、设计理念、品牌理念、设计风格、运用材料色彩描述等，通过设计说明传达出该配饰设计理念、适用对象等必要的信息。对于一些特殊的结构、面料、细节等也可以在设计说明里用文字加以补充说明（图7-21）。

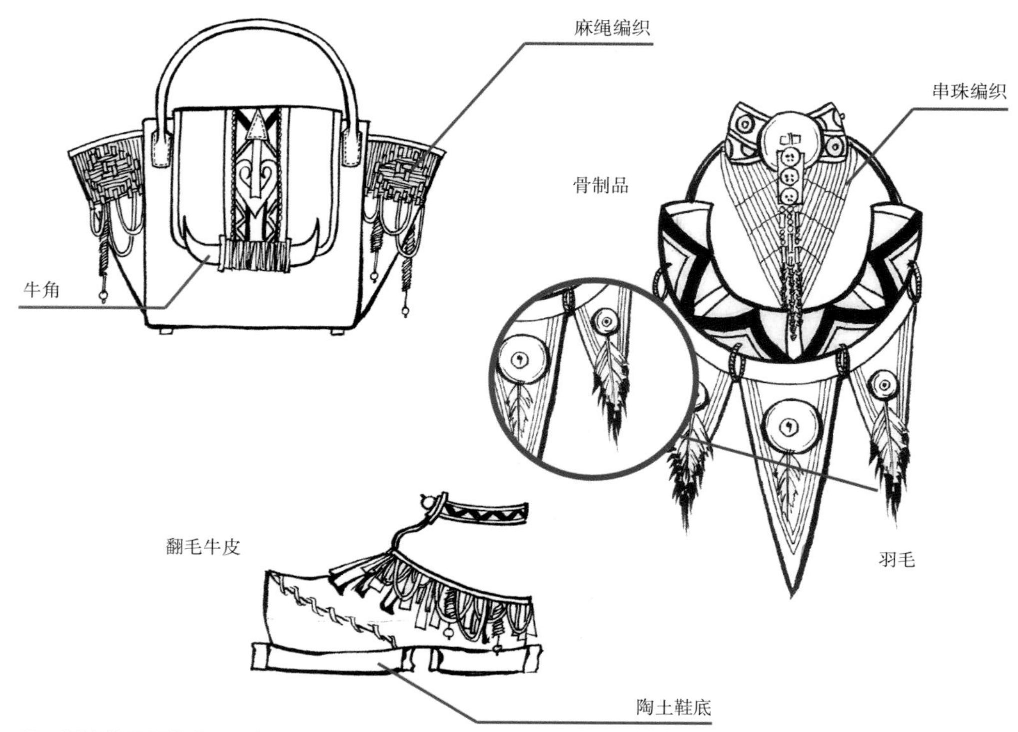

图 7-17 设计效果图作业一 作者：卢溥明

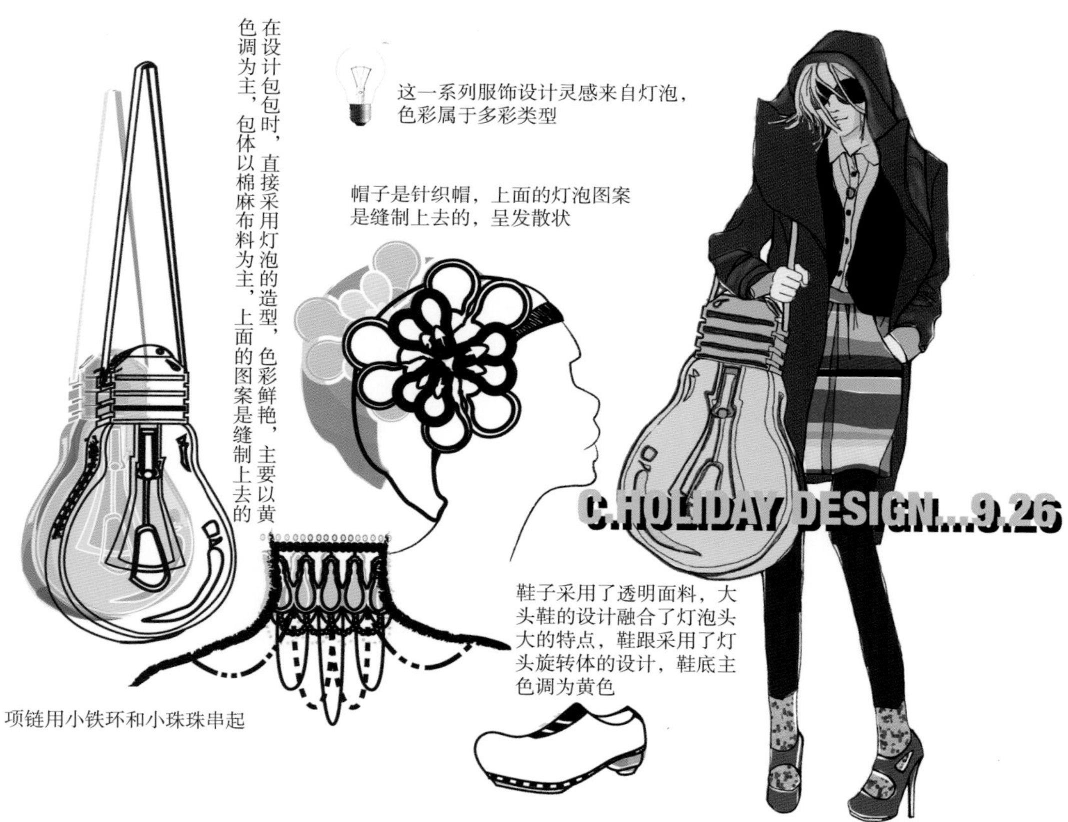

图 7-18 设计效果图作业二 作者：陈泽超

图 7-19 设计效果图作业三 作者：胡建秋

图 7-20 设计效果图作业四 作者：梁靖欣

Design Description 设计说明 试图利用原木的质感和鲜艳的色彩，做出既具有东方风情又不失现代感的作品，手工打磨原木和缠绕丝线，充满暖度

木条适当的几何分割、木块的无序组织，把三维和二维结合起来，打造出一种具有现代感的新颖廓型。色彩上利用藏式建筑的蓝、橙、红等色，以丙烯颜料的无序涂抹通过合理的搭配营造出一种现代艺术画感的民族风

这件作品设计给自由、独立的新女性，想突出的是温暖的感觉，手工打磨的木块、木片，丙烯的手工绘制，绣线的缠绕运用，加上整体暖色调的氛围，希望给人传递材料本身的温暖

表达形式：2D+3D，平面和立体

材料：木片、木块、木条、木板、皮革、皮绳、丙烯、绣线

图 7-21　设计效果图作业五　作者：章梦涵

第五节　设计案例

下面是两个完整的设计案例分析，展现了从寻找配饰设计灵感来源、资料收集整理，到初步设计构思阶段，再到设计完成的三个阶段。

寻找设计灵感来源、资料收集整理阶段，通常用图文结合的方式表现；初步设计构思阶段，用草图表现；设计完成阶段，用效果图表现。每一阶段已经在前文仔细讲解过，这里不作复述。

一、案例一

这个系列的配饰设计灵感源自各种各样动物日常生活的形态与故事，通过形态简单化的形式来呈现时尚摩登的感觉（图7-22）。

奇妙物语

Wonderful story

灵感源自各种各样动物日常生活的形态与故事，通过形态简单化的形式来呈现时尚摩登的感觉

关键词：动物，时尚风格，可降解面料，有趣故事

①灵感来源：收集降解面料、动物知识和童话故事等资料，目的是记录自己对传统故事和动物的印象与感受

Wonderful

常用款

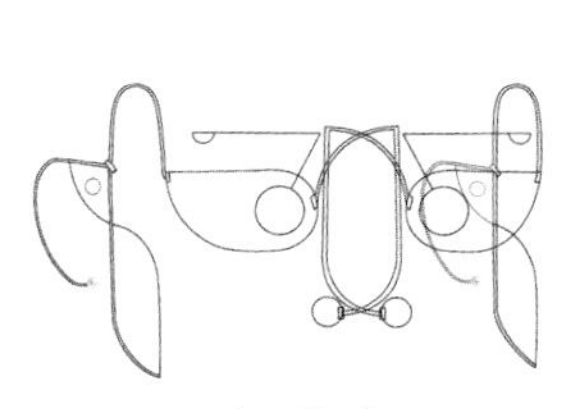

款式图

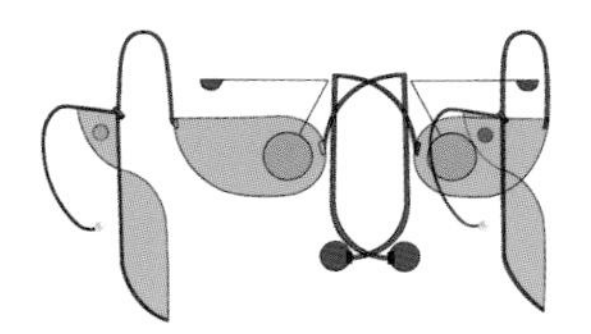

效果图

工艺细节

这是一个模拟兔子形态的眼镜，将它翻转是因为在野外兔子为了躲避天敌，它们感受到威胁时会将头低下钻进兔子洞里，然后我就做了一个简化的动态感觉，翻转之后它的尾部形成了兔子三瓣嘴的形式，以及腿部在人脸的位置形成一个红晕，煞是可爱。这就是这只兔子的故事

Wonderful story

②设计效果图：结合手绘与电脑辅助作图方法，工整中不失灵动

图 7-22

亲子款模拟一只小蟾蜍钻进妈妈的嘴里，小时候蟾蜍会带着自己的宝宝“周游世界”，传达了一种亲密的理念，而且这款服装不会运用任何金属小零件，避免小朋友误食，所以开口用魔术贴，这款零钱包的材料也是可循环运用的环保型材料

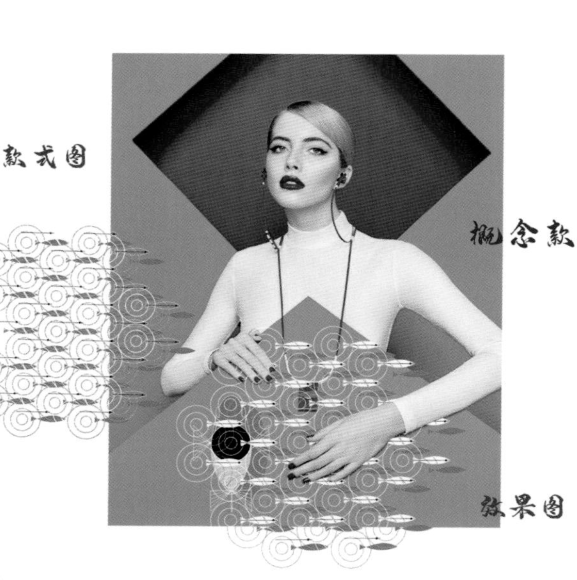

亲子款

效果图

概念款模拟鱼游在水中泛起的涟漪，以及鱼妈妈和一群小鱼快乐地游动，传达一种温情的感觉。在结构上主要是重复、编排、镂空，材料选择延展性好的可降解生物塑料。这是一款手拿包，可折叠伸缩。白色小鱼为正面，灰色小鱼为背面，中间是镂空的

Wonderful story

③设计说明：介绍构思和材料

图 7-22　案例一　作者：骆成瑶

二、案例二

该设计将宗教元素以科技形式展现，将经文以纹样方式程式化、图案化呈现，设计作品表达了突破传统观念界限的构思（图7-23）。

三、案例三

设计师受到阿布拉莫维奇与乌雷的行为艺术作品《静止的能量》的影响，在作品中用身体将性别差异与男女之间的平衡和冲突表现得淋漓尽致。试图通过模拟肢体行为的形式语言，来表达人与人关系中的似是而非的微妙平衡（图7-24）。

①灵感来源：收集有关未来数字科技相关的资料，以剪贴、错位、重叠的方式构图，加以文字简单说明

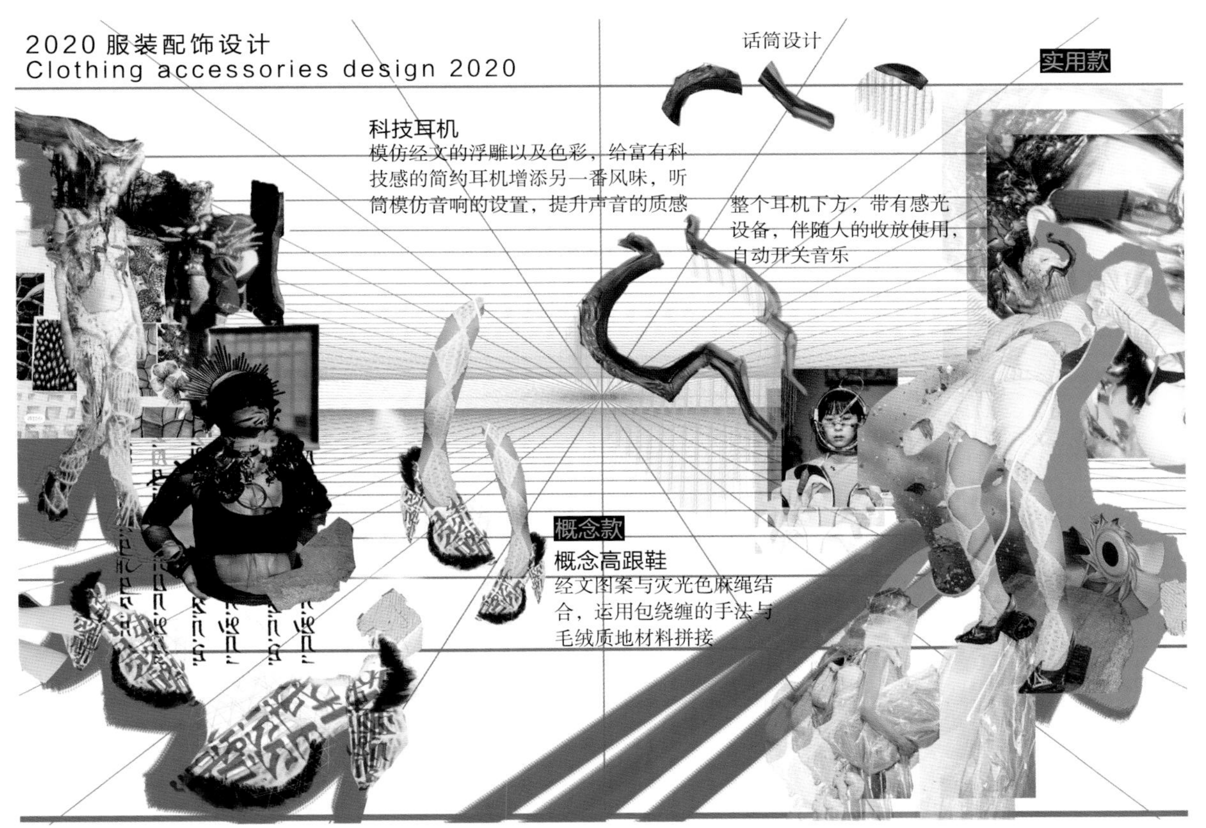

②设计效果图：概念高跟鞋选用经文图案与荧光色麻绳相结合，采用包绕缠的方式与毛绒材质拼接为材料，采用绿色荧光等强烈色彩追求另类的视觉效果

图 7-23 案例二 作者：谢统军

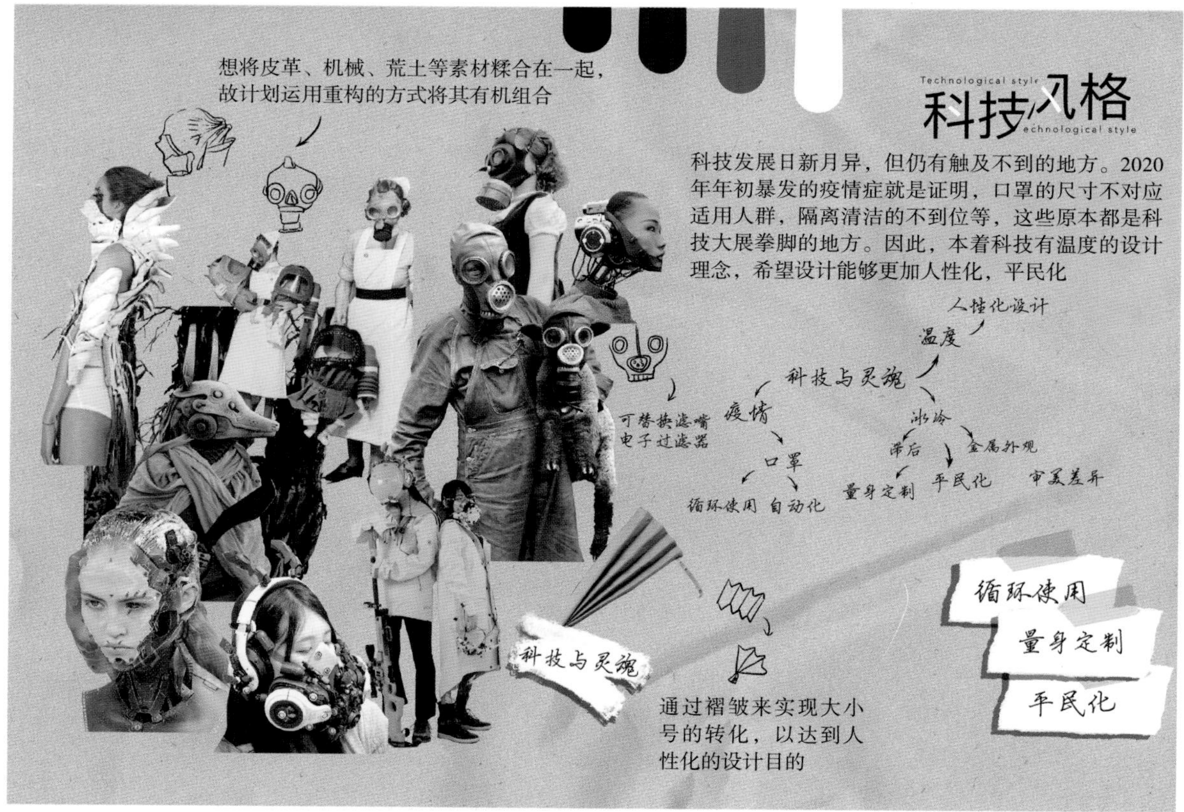

①灵感来源：收集相关肢体语言、亲密行为痕迹等资讯，然后采用重叠、分割、错乱的方法构图，构图稳重中有变化，组合出一张完整的灵感来源

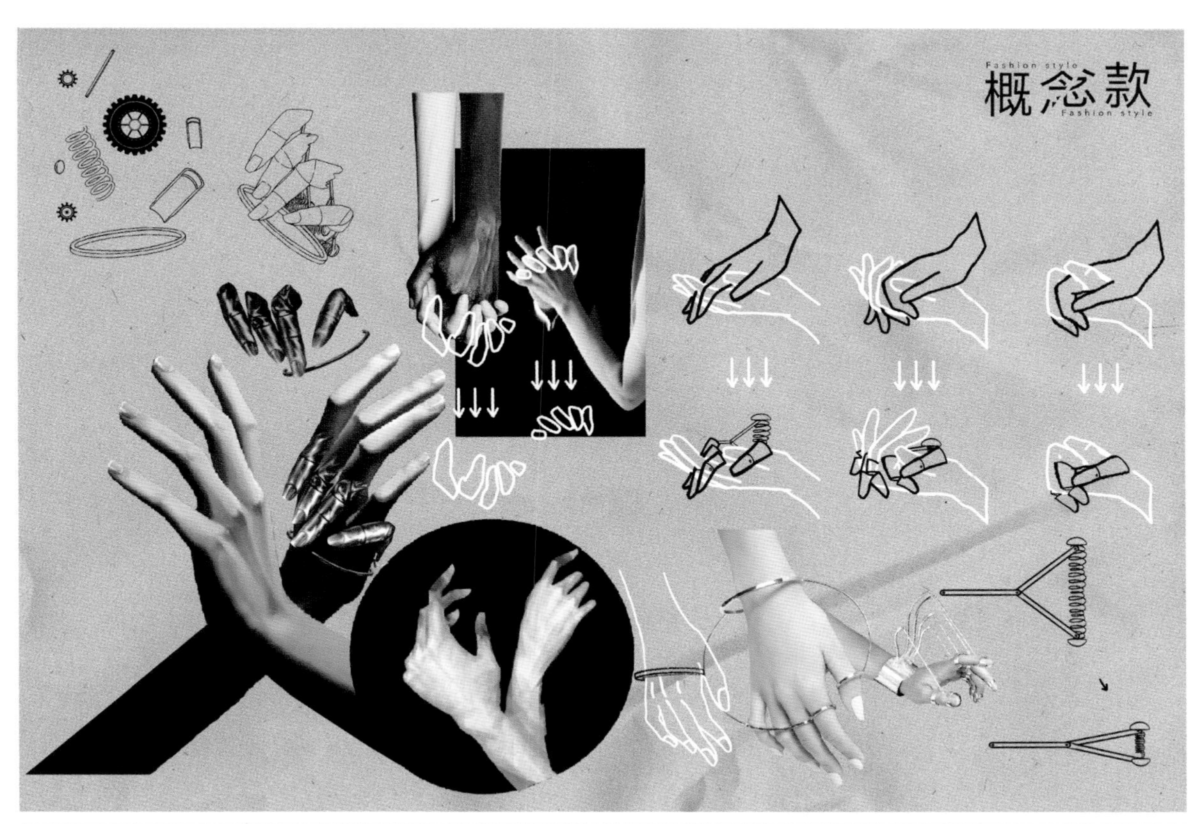

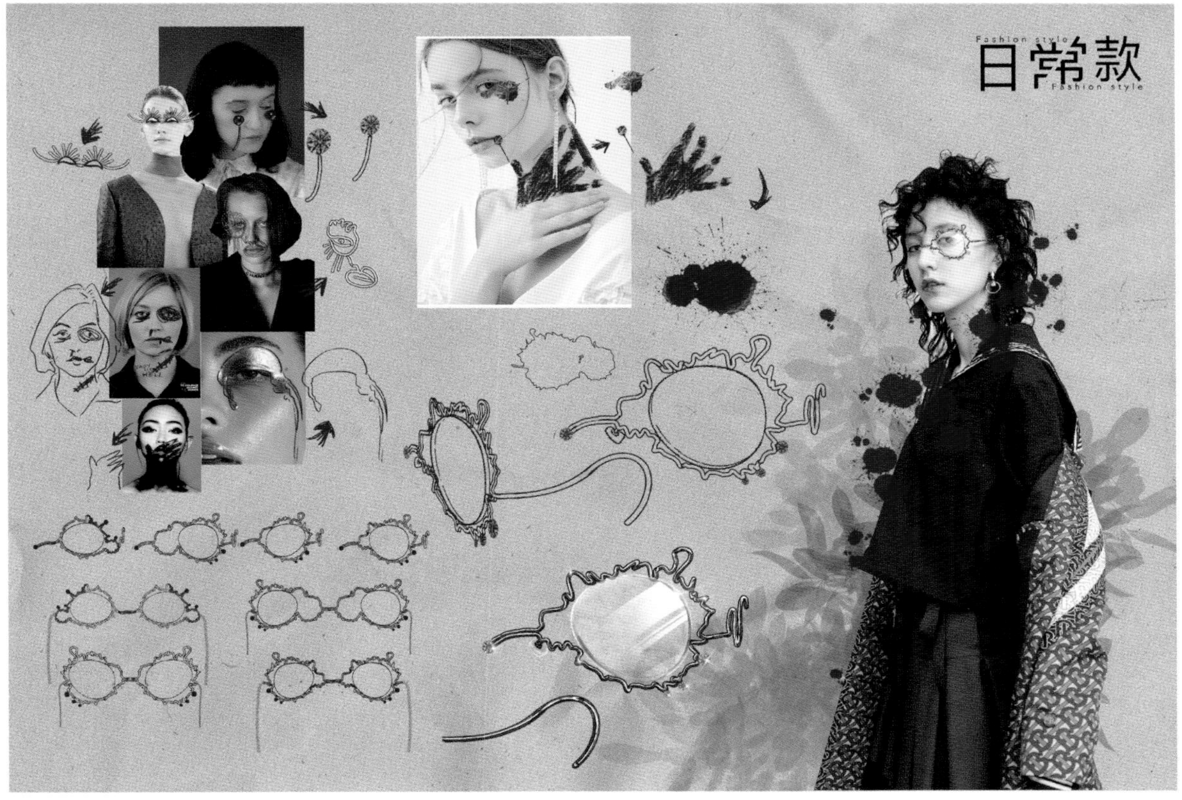

②设计效果图：选取亲密行为中的一种，拆解过程中的行为逻辑，通过机械运作的方式还原创作中自我束缚的理念，风格独特，通过展现机械美，体现稳重、时尚的美感

图 7-24　案例三　作者：刘跃霖

参考文献

[1] 华梅．箱包：21世纪国际时尚品牌［M］．北京：中国时代经济出版社，2008.

[2] 北京大陆桥文化传媒．时尚帝国［M］．北京：北京出版社出版集团，2005.

[3] 日本文化学院．文化服装讲座（新编）[M]．王佩国，郝瑞闽，编译．北京：中国轻工业出版社，2006.

[4] 庞绮．服装色彩［M］．北京：中国轻工业出版社，2001.

[5] 中野香织．时尚方程式［M］．赖庭筠，译．天津：天津教育出版社，2009.

[6] 吴妍妍．颠覆时尚——20世纪街头流行时尚［M］．天津：百花文艺出版社，2011.

[7] 高格．细说中国服饰［M］．北京：光明日报出版社，2005.

[8] 张星．服装流行学［M］．北京：中国纺织出版社，2006.

[9] 西蒙·希弗瑞特．时装设计元素：调研与设计［M］．袁燕，肖红，译．北京：中国纺织出版社，2009.